Helmut Pirc

Wildobst

Stocker

Helmut Pirc

Wildobst

und seltene Obstarten im Hausgarten

Leopold Stocker Verlag
Graz – Stuttgart

Umschlaggestaltung:
DSR Werbeagentur Rypka GmbH, 8143 Dobl/Graz
Titelbild: Helmut Pirc, Wien

Bildnachweis:
F. Kummert, Rollsdorf (1); H.-J. Albrecht, Berlin (1), L. Grossmann, Schwarmstedt (2); W. Bittermann, (1); T. Reichelt, Bielefeld (6). Die restlichen Bilder und Grafiken wurden dem Verlag freundlicherweise vom Autor zur Verfügung gestellt.

Bibliografische Information Der Deutschen Bibliothek
Die Deutsche Bibliothek verzeichnet diese Publikation in der Deutschen Nationalbibliografie; detaillierte bibliografische Daten sind im Internet unter http://dnb.ddb.de abrufbar.

Hinweis: Dieses Buch wurde auf chlorfrei gebleichtem Papier gedruckt. Die zum Schutz vor Verschmutzung verwendete Einschweißfolie ist aus Polyethylen chlor- und schwefelfrei hergestellt. Diese umweltfreundliche Folie verhält sich grundwasserneutral, ist voll recyclingfähig und verbrennt in Müllverbrennungsanlagen völlig ungiftig.

Auf Wunsch senden wir Ihnen gerne kostenlos unser Verlagsverzeichnis zu:
Leopold Stocker Verlag GmbH
Hofgasse 5 / Postfach 438
A-8011 Graz
Tel.: +43 (0)316/82 16 36
Fax: +43 (0)316/83 56 12
E-Mail: stocker-verlag@stocker-verlag.com
www.stocker-verlag.com

ISBN 978-3-7020-1212-0

Layout und Repro: DSR Werbeagentur Rypka GmbH, 8143 Dobl/Graz
Druck: Druckerei Theiss GmbH., A-9431 St. Stefan

Inhalt

Danksagung 10

Vorwort 11

Was ist „Wildobst“ eigentlich? 13

- **Frisch verzehren oder verarbeiten?** 14
- **Wildobst im Hausgarten** 14
- **Seltene und besondere Obstarten** 15

Große Bäume 17

- **Edelkastanie** 17
- **Ginkgobaum** 20

Mittelgroße Bäume 21

- **Eberesche** 21
- **Essbare oder Mährische Eberesche, Edel-Eberesche** 25
- **Weitere Arten** 27
  - Hybrid-Ebereschen 27
- **Elsbeere** 29
- **Mehlbeere** 31
- **Weitere Arten** 32
  - Zwerg-Mehlbeere (*Sorbus chamaemespilus*) 32
  - Hybriden zwischen der Eberesche (*Sorbus aucuparia*) und der Mehlbeeere (*Sorbus aria*) 33
  - Schwedische Mehlbeere oder Oxelbeere (*Sorbus intermedia, Syn.: S. suecica*) 33
  - Thüringische Eberesche (*Sorbus x thuringiaca*) 33
  - Finnland-Mehlbeere (*Sorbus hybrida, Syn.: S. fennica*) 33
- **Speierling** 34
- **Jujube** 37
- **Persimone** 38
- **Traubenkirsche** 39
- **Weitere Arten** 41
  - Spätblühende Traubenkirsche (*Prunus serotina*) 41
- **Vogelkirsche** 41
- **Weingartenpfirsich** 42

Weiße Maulbeere ... 43

Weitere Arten ... 45

Schwarze Maulbeere (*Morus nigra*) ... 45

Wildbirne ... 46

Weitere Arten ... 47

Weidenblättrige Birne (*Pyrus salicifolia*) ... 47

Hagebuttenbirne ... 47

Große Sträucher bis kleine Bäume ... 49

Büffelbeere ... 49

Doldige Ölweide ... 50

Weitere Arten ... 52

Schmalblättrige Ölweide (*Elaeagnus angustifolia*) ... 52

Vielblütige Ölweide, Essbare Ölweide (*Elaeagnus multiflora*) ... 52

Felsenbirne, Korinthenstrauch ... 53

Felsenbirne, Gemeine Felsenbirne ... 54

Kupfer-Felsenbirne ... 54

Kahle Felsenbirne ... 55

Ähren-Felsenbirne ... 55

Erlenblättrige Felsenbirne ... 56

Feige ... 56

Haselnuss ... 60

Weitere Arten ... 62

Lambertsnuss (*Corylus maxima*) ... 62

Baumhasel oder Türkische Hasel (*Corylus colurna*) ... 62

Kirschpflaume ... 63

Kornelkirsche, Dirndl, Dirlitze ... 64

Mispel ... 69

Pawpaw ... 72

Gewöhnlicher Sanddorn ... 75

Schwarzer Holunder ... 80

Weitere Arten ... 82

Traubenholunder oder Roter Holunder (*Sambucus racemosa*) ... 82

Eingriffeliger Weißdorn ... 83

Weitere Arten ... 85

Zweigriffeliger Weißdorn (*Crataegus laevigata*, *Syn.: C. oxyacantha*) ... 85

Azarole, Azaroldorn oder Azarolapfel (*Crataegus azarolus*) ... 85

Chinesischer Weißdorn (*Crataegus pinnatifida var. major*) ... 85

Apfeldorn (*Crataegus x lavallei*) ... 86

Pflaumendorn (*Crataegus x prunifolia*) ... 86

Wildapfel und Zierapfel ... 86

Mittelgroße Sträucher ... 89

Apfelbeere, Schwarzfrüchtige Apfelbeere ... 89

Gemeine Berberitze, Sauerdorn ... 93

Weitere Arten ... 95

Korea-Berberitze (*Berberis koreana*) ... 95

Goji-Beere, Wolfsbeere ... 96

Wilde Brombeere ... 97

Himbeere, Waldhimbeere ... 98

Japanische Weinbeere ... 100

Johannisbeere, Stachelbeere ... 101

Weitere Arten ... 102

Alpen-Johannisbeere (*Ribes alpinum*) ... 102

Schwarze Johannisbeere (*Ribes nigrum*) ... 102

Felsen-Johannisbeere (*Ribes petraeum*) ... 102

Stachelbeere (*Ribes uva-crispa*) ... 102

Korea-Kirsche ... 103

Kamtschatka-Beere, Sibirische Blaubeere, Maibeere® (Häberli), Honeyberry, Haskap ... 104

Rosen, Fruchtrosen, Vitaminrosen ... 106

Scheinquitte, Zierquitte ... 109

Weitere Arten ... 111

Chinesische Scheinquitte (*Chaenomeles speciosa, Syn.: C. lagenaria*) ... 111

Scheinquitten-Hybriden (*Chaenomeles x superba*) ... 112

Schlehdorn ... 112

Weitere schlehen- und pflaumenverwandte Arten ... 114

Haferschlehe ... 114

Zibarte ... 115

Gelber, Gelbroter und Roter Spilling ... 116

Gemeiner Wacholder ... 117

Klein- und Zwergsträucher ... 121

Mahonie ... 121

Heidelbeere ... 123

Kulturheidelbeere ... 125

Preiselbeere ... 126

Großfrüchtige Moosbeere, Cranberry ... 129

Weitere Arten ... 131
Moosbeere (*Vaccinium oxycoccus*) ... 131
Red Huckleberry (*Vaccinium parviflorum*) ... 132
Rauschbeere (*Vaccinium uliginosum*) ... 132
Rubusarten ... 132
Kratzbeere oder Ackerbrombeere (*Rubus caesius*) ... 132
Schwedische Ackerbeere (*Rubus arcticus*) ... 133
Moltebeere (*Rubus chamaemorus*) ... 133
Walderdbeere ... 133
Kletterpflanzen ... 135
Akebie ... 135
Chinesische Kiwi ... 135
Mini-Kiwi ... 139
Chinesisches Spaltkölbchen ... 144
Sonstige Pflanzen mit essbaren Früchten ... 147
Blauschotenstrauch ... 147
Dreiblatt-Zitrone ... 148
Vermehrung der Wildobstarten und der seltenen Obstarten ... 149
Generative Vermehrung ... 149
Vegetative Vermehrung ... 151
Wurzelausläufer ... 151
Absenker ... 152
Ableger ... 153
Ablegen in Wellenlinien ... 153
Sternförmiges Ablegen ... 154
Anhäufeln (Abriss-Vermehrung) ... 154
Vermehrung durch Steckholz ... 155
Grünstecklinge ... 155
Luftableger (Abmoosen) ... 155
Veredelungsarten ... 156
Okulation ... 156
Ablaktieren ... 157
Rindenpfropfen ... 157
Kopulation ... 157
Geißfußpfropfen ... 158
Spaltpfropfen ... 159
Rezepte ... 161
Schwarze Apfelbeere ... 161
Apfelbeer-Kompott ... 161

Apfelbeer-Likör ... 162
Apfelbeer-Marmelade ... 162
Apfelbeer-Sirup ... 162
Apfelbeer-Gelee ... 162

Scheinquitte ... 163
Scheinquitten-Gelee ... 163

Kornelkirsche ... 164
Kornelkirsch-Marmelade mit Fruchtstückchen ... 164
Kornelkirsch-Marmelade ... 164
Kornelkirsch-Sirup ... 164
Kornelkirsch-Gelee ... 164
Gedörrte Kornelkirschen ... 166
Kornelkirsch-Sauce ... 166
Kornelkirschen in Rotwein ... 166
Kornelkirsch-Vanille-Gelee ... 166
Kornelkirsch-Kuchen ... 167
Kornelkirsch-Saft ... 168
Kornelkirsch-Likör ... 168
Falsche Oliven ... 168
Kaltschale mit Kornelkirschen ... 168
Kandierte Kornelkirschen ... 169

Sanddorn ... 169
Sanddorn-Kaltschale ... 169
Sanddorn-Sirup ... 169
Sanddorn-Quitten-Konfekt ... 170

Quitten ... 170
Quitten-Likör ... 170
Quitten-Kürbis-Chutney ... 170

Schlehdorn ... 171
Schlehen-Likör ... 171

Mispel ... 171
Joghurt-Eis mit Mispeln ... 171
Mispel-Topfen-Soufflé ... 171
Asperl-Mus ... 172

Kriecherl ... 172
Kriecherl in Essig ... 172

Fruchtrosen ... 172
Hagebutten-Marmelade ... 172
Hagebutten-Sauce (für Wildgerichte) ... 172
Hagebuttenlikör ... 172

Schwarzer Holunder ... 173
Holunderblüten-Sirup ... 173

Hollerröster/Hollerkoch 173
Holunder-Punsch (besonders für Kinder geeignet) 173
Speierling 173
Speierling-Schmarren 173
Edel-Eberesche 174
Ebereschen-Sirup 174
Vogelbeer-Mus 174
Vogelbeer-Schnaps 174
Ebereschen-Marmelade 174
Ebereschen-Kompott nach Preiselbeer-Art 174
Eberesche Titan 175
Titan-Marmelade 175
Weißdorn 175
Weißdornfrüchtebrot 175
Mini-Kiwi 175
Mini-Kiwi-Marmelade 175
Anhang 177
Inhaltsstoffe und Verwertung der Wildobst- und besonderen Obstarten 177
Literaturverzeichnis 182
Bezugsquellen 185
Österreich 185
Deutschland 185
Schweiz 186
Pflanzenregister 187

Danksagung

Bei der Aktualisierung des vorliegenden Werkes haben mich Dipl.-Ing. Fritz Kummert, Rollsdorf (Wildobst speziell), Dipl.-Ing. Hans-Joachim Albrecht, Berlin (Sanddorn, Aronia, Essbare Ölweide), Dr. Frieder Kötz, Siegen (Schlehen- und Pflaumenverwandte), Margareth Hop, Wageningen (Aronia), und Hr. Helmut Hromadnik, Wien (Virginische Dattelpflaume, Kaki), und L. Grossmann (Goji) mit wichtigen Informationen und Diskussionsbeiträgen sowie mit Bildmaterial unterstützt. Ich möchte Ihnen auch dafür meinen herzlichen Dank aussprechen. Insbesondere danke ich auch meiner Frau Adele, die mir mit Rat und Tat zur Seite gestanden ist und vor allem bei der Verwertung des Wildobstes mit Engagement und Freude einen wesentlichen Beitrag geleistet hat.

Vorwort

Das Sammeln von wild wachsenden Früchten war bereits seit Jahrtausenden selbstverständlich, für die Menschen der Hallstattzeit war dies nachweislich von großer Bedeutung. Funde aus der Hallstattzeit und anderen archäologischen Fundorten belegen, dass Wildfrüchte, wie Kornelkirschen und Schlehdorn, im frischen, getrockneten und vergorenen Zustand verzehrt wurden. In wirtschaftlich schlechteren Zeiten war Wildobst eine wichtige zusätzliche Nahrungs- und Vitaminquelle. Wie bereits vor Jahrhunderten werden auch heute noch in Bauerngärten Mispeln, Holunder, Schlehen, Ebereschen sowie Fruchtrosen und andere Wildobstarten kultiviert. Darüber hinaus gab es immer einzelne Enthusiasten, welche die kostbaren Früchte der Natur weiterhin verwerteten.

Mit zunehmendem Wohlstand und der Produktion von Obst in Plantagen wurde das Wissen um die Nutzung von Wildobst beinahe vergessen. Auch das große Angebot an exotischen und tropischen Früchten, das heute beinahe in jedem Supermarkt angeboten wird, scheint vordergründig die Wünsche der Verbraucher zu befriedigen. Allerdings müssen bei der Produktion von Obst in großem Stil entsprechende Pflanzenschutzmittel eingesetzt werden. Die Früchte werden meist vorzeitig geerntet, damit sie möglichst lange lagerfähig und gut transportfähig sind. Damit mussen nicht nur in geschmacklicher Hinsicht Einbußen hingenommen werden, dies widerspricht auch dem stark gestiegenen Gesundheitsbewusstsein und dem Wellness-Bedürfnis der Menschen in unserer Zeit.

Wildobst liegt heute ebenso im Trend der Zeit wie seltene Obstarten, denn sie erfüllen nahezu perfekt das Verlangen nach Produkten, die wohlschmeckend und gleichzeitig gesundheitsfördernd sind. Ihre Früchte enthalten nämlich viele wertvolle Vitamine, Mineral- und Vitalstoffe, sie lassen sich zu hochwertigen Produkten verarbeiten, und die Pflanzen selbst benötigen in der Regel keine Pflanzenschutzmaßnahmen. Darüber hinaus bieten Wildobstgehölze für die heimische Tierwelt Unterschlupf und Nahrung und bereichern somit die ökologische Vielfalt in unseren Gärten.

Was ist „Wildobst“ eigentlich?

Frisch verzehren oder verarbeiten?

Wildobst im Hausgarten

Seltene und besondere Obstarten

Rein botanisch betrachtet, sind „Wildobstarten“ züchterisch nicht bearbeitete, durch Samen vermehrte Gehölzarten, deren Früchte gesammelt und vom Menschen genutzt werden. Rein botanisch betrachtet, wäre also eine besonders gut schmeckende oder großfruchtige Auslese von einem Naturstandort, die vegetativ (z. B. durch Stecklinge oder Ausläufer) vermehrt wurde, nicht mehr als „Wildobst“ einzustufen.

Ich möchte im vorliegenden Buch aber den Begriff „Wildobst“ nicht so eng sehen und bezeichne auch die Auslesen von Kornelkirsche, Sanddorn und Co. als Wildobst. Natürlich sind die Übergänge zu „echten“ Obstarten fließend und nicht klar abgrenzbar. Ein einzelner Holunderstrauch im Hausgarten wird sicher nicht als Obstbaum betrachtet, während die Holundersorte 'Haschberg' in Plantagen angebaut durchaus die Bezeichnung „Obst“ verdient, weil sie auch wirtschaftlich in größeren Mengen verarbeitet wird.

Gelegentlich hört man auch die Meinung, dass Auslesen aus Wildobstbeständen weniger Inhaltsstoffe enthalten und damit weniger wertvoll sind als das am Naturstandort gesammelte Wildobst. Dies lässt sich sehr leicht am Beispiel des Holunders und des Sanddorns widerlegen: die hier verwendeten Auslesen sind in erster Linie aufgrund wesentlich höherer Inhaltsstoffgehalte (und darüber hinaus auch höherer Erträge) ausgelesen worden!

Frisch verzehren oder verarbeiten?

Wildobstarten und seltene Obstarten kann man in zwei Kategorien einteilen. Einerseits gibt es Wildobstarten, wie Felsenbirne, Minikiwi und Korea-Kirsche, die besonders bekömmliche Naschfrüchte für den Frischverzehr liefern. Andere wiederum, wie Mispeln und Schlehdorn-Früchte, sind erst nach Frosteinwirkung für den Rohgenuss geeignet. Holunderbeeren und dessen Samen enthalten Sambunigrin und sind damit sogar leicht giftig, sie dürfen deshalb im rohen Zustand nicht genossen werden. Erst durch Erhitzen wird dieser Stoff zerstört, dann sind die Produkte gesundheitlich unbedenklich und von ausgezeichnetem Geschmack und bester Qualität.

Die meisten Wildobstarten lassen sich aber zu hervorragenden und wohlschmeckenden Produkten verwerten. Sie werden zu Saft, Marmelade, Gelee und Trockenfrüchten verarbeitet und sind auch als Likör, Schnaps und als Mischfruchtprodukte besonders bekömmlich.

Wildobst im Hausgarten

Wildobst und Wildfrüchte bereichern den Speisezettel um viele Spezialitäten, die man in keinem Supermarkt kaufen kann. Es sind nicht nur die wertvollen Inhaltsstoffe, sondern auch die einzigartigen Geschmacksnoten, welche unseren Gaumen erfreuen. Allerdings sind unsere Gärten meist zu klein, um so viele Wildfruchtgehölze unterzubringen, dass man entsprechende Fruchtmengen zusammenbringt. Ich empfehle deshalb unbedingt die reich fruchtenden Auslesen zu verwenden. Denn diese fruchten meist schon als junge Pflanzen, bringen wesentlich höhere Erträge und sind zumindest ebenso wertvoll, was ihre Inhaltsstoffe betrifft, wie ihre Verwandten am Naturstandort. Bei Bedarf lassen sich die regelmäßigen Erträge durch entsprechende Schnittmaßnahmen noch beträchtlich erhöhen.

Wildobstgehölze sind im Garten vielfältig einsetzbar. Ob als Solitärstrauch, wie beispielsweise der Holunder oder die Kornelkirsche, als geschnittene Hecke (z. B. die Kornelkirsche) oder als Elemente einer Blütenhecke (z. B. Wildrosen, Kornelkirsche, Felsenbirne oder Zierquitte), Wildobstgehölze sind immer eine Bereicherung für den Garten. Es sind nicht nur schöne Blütensträucher, ihre Nutzungsmöglichkeiten sind vielfältig. Neben attraktiven, oft auch duftenden Blüten und prächtigem Fruchtschmuck zeichnen sich einige von Ihnen (z. B. die Felsenbirne) zusätzlich durch eine besonders brillante Herbstfärbung aus.

Wildobstgehölze sind aus ökologischer Sicht besonders wertvoll, denn sie tragen auch wesentlich zur Artenvielfalt bei. Früchte, die zu Boden fallen oder einfach nicht abgeerntet werden, dienen Igeln, Vögeln und zahlreichen anderen Tieren bis lange in den Winter hinein als Nahrungsquelle. Natürlich dienen sie allen möglichen Tierarten auch als Versteck, Brutplatz oder Lebensraum. In den artenreichen Hecken befinden sich auch viele Insekten, also Nahrung für andere Tiere. Es sind auch viele Nützlinge darunter, die wiederum für das ökologische Gleichgewicht im Garten sorgen.

Wildobstgehölze sind für den Hausgarten auch deshalb besonders interessant, weil sie anspruchslos bezüglich Standortansprüchen und Pflege sind. Sie benötigen kaum zusätzlichen Dünger und werden nur selten von Schädlingen oder Krankheiten befallen. Damit sind sie auch für naturnahe Gärten und biologischen Anbau hervorragend geeignet.

Seltene und besondere Obstarten

Neben den eigentlichen bei uns heimischen Wildobstarten und deren Auslesen, wie Sanddorn, Kornelkirsche, Holunder und Wildrosen, möchte ich in diesem Buch ganz bewusst auch seltene und besondere Obstarten vorstellen. Das Spektrum reicht hier von der bekannten Felsenbirne bis hin zu der beinahe subtropischen Indianerbanane (Paw Paw), die beide in Amerika beheimatet sind. Aber auch die ursprünglich aus Amerika stammende Schwarze Apfelbeere findet hier ihren Platz. Sie wurde in Russland und einigen nordeuropäischen Ländern züchterisch bearbeitet. Dazu kommen noch Ebereschen-Hybriden, die eine besonders wertvolle Ergänzung des „Seltenen Obstarten“-Sortiments darstellen. Die ursprünglich in Asien (Japan bis Sibirien) beheimateten Minikiwis (als „Bayern-Kiwi“ besser bekannt) sind mittlerweile fester Bestandteil vieler Hausgärten. Auch ganz selten verwendete Arten, wie die Persimone oder die Cranberry, finden sich in diesem Buch.

Im vorliegenden Buch werden die zahlreichen Wildobstarten und seltene Obstarten vorgestellt. Neben deren Beschreibung wird auch auf die Standortansprüche, die Pflegemaßnahmen, die Vermehrung der Pflanzen, die Inhaltsstoffe und die Verwertungsmöglichkeiten der Früchte eingegangen.

Im Herbst 2008
Helmut Pirc

Ginkgobaum (Ginko biloba)

Große Bäume

Bäume mit Wuchshöhen bis 20 m und mehr, wie zum Beispiel die Edelkastanie, wird man natürlich nur in sehr großen Gärten – und hier nur als Einzelbaum – verwenden. Bäume dieser Größenordnung sind eher für Anlagen mit parkähnlichem Charakter interessant.

Edelkastanie

Edelkastanien: am besten schmecken sie gebraten

Castanea sativa (*Fagaceae,* Buchengewächse)
Weitere Namen: Maroni, Maronen, Maronenbaum, Kescht'n

Pflanzenmerkmale und Verbreitung: Die Edelkastanie ist in Südeuropa, Nordafrika und Kleinasien natürlich verbreitet. In Mitteleuropa wurde sie vermutlich vor oder während der Römerzeit eingeführt und ist heute in wintermilden sowie sommerwarmen Gebieten mit kalkarmen Bodenverhältnissen eingebürgert. Sie wächst zu einem Großbaum von 10–30 m heran, hat meist einen kurzen, dicken, oft gedrehten Stamm mit einer tief längsrissigen Borke und eine breit ausladende Krone.

Ihre wechselständig angeordneten, sommergrünen Blätter sind länglich lanzettlich, dunkelgrün glänzend, derb-ledrig und grob gesägt sowie 12–20 cm lang. Die Blüten sind einhäusig, wobei die männlichen in auffälligen grünlich weißen, bis 20 cm langen aufrechten Ähren angeordnet sind. Die weiblichen sitzen einzeln oder bis zu dreien, unscheinbar, klein und grünlich am Grunde der männlichen Blütenstände. Sie blüht im Juni bis Juli, wobei Insekten besonders von den stark riechenden männlichen Blüten angelockt werden.

Stamm und fruchtende Basistriebe der Esskastanie (Castanea sativa)

Eignung: Dieser große Baum eignet sich nur für große Gärten und Parks, eventuell als Hausbaum für größere Gehöfte und wird in manchen Regionen (Südsteiermark, Burgenland, in Deutschland im Schwarzwald, Odenwald, Mosel-, Saar- und Nahegebiet sowie Südtirol) als Waldbaum kultiviert. Gute Bienenweide, die männlichen Blüten produzieren Nektar – Edelkastanien-Honig.

Frucht: 2–3 cm große, glänzende Nüsse (Samen), die so genannten Maroni oder Maronen, sind in einer großen, stacheligen Fruchthülle (cupula) eingebettet, mit der sie gemeinsam zur Reifezeit vom Baum fallen. Sie reifen im Oktober und sind essbar. In früheren Zeiten waren sie in den Mittelmeerländern ein wichtiges Nahrungsmittel (Stärkelieferant). Vor allem Kohlenhydrate (ca. 43 %), Zucker, Fett (3 %) und Vitamine (Vitamin C etwa 6–40 mg/100 g), aber auch eine große Menge an wertvollen Mineralstoffen (1,5 %) sind in den Früchten enthalten. Ihr hoher Stärke- und Eiweißgehalt ist für den hohen Nährstoffwert der Früchte verantwortlich.

Verwertung: Die Früchte enthalten Saponine, dadurch schmecken sie im rohen Zustand herb. Der gute Geschmack und das volle Aroma entwickeln sich erst beim Kochen (angeritzte Früchte etwa 15 Minuten lang), Schale und Haut müssen entfernt werden. Beim Rösten platzen die Schalen auf und die Kerne können leicht entnommen werden.

Eine Delikatesse stellen Maronenpüree und Maronen als Beilage zu Fleischgerichten dar. Sie können auch zu Mehl verarbeitet werden. Darüber hinaus gibt es noch zahlreiche Möglichkeiten, Maronen zu exquisiten Süßigkeiten zu verarbeiten, diese mit Schokolade zu überziehen oder zu glacieren. Wegen der spezifischen Art der Kohlenhydrate sind Maroni auch für Diabetiker geeignet.

Der Absud von Blättern und Rinde wurde als Heilmittel für zahlreiche Krankheiten verwendet, unter anderem gegen Fieber, Husten, Erkrankungen der Atemwege und gegen Durchfall.

Das fäulnisresistente Holz ist sogar für Unterwasser- und als Schiffsbauholz geeignet, aber auch zur Möbel- und Fassdaubenherstellung wird es verwendet. Die bei der Bewirtschaftung der Edelkastanienwälder als Niederwald anfallenden Stangen finden seit Jahrhunderten als Rebpfähle Verwendung.

Herbstzeit mit Edelkastanien

Standortansprüche und Pflege: Die Edelkastanie ist relativ gut anpassungsfähig an verschiedene Böden, sie meidet jedoch kalkhaltige und nasse Böden und wächst bevorzugt auf mäßig feuchten, nährstoffreichen, sauren (pH-Wert 5–6), tiefgründigen Standorten. Sie benötigt warme Standorte (Weinbauklima), damit die Früchte zur Ausreife gelangen können.

Krankheiten und Schädlinge: Gelegentlich treten der Kastanienwickler sowie der Kastanienrüsselkäfer auf. Problematisch ist der in manchen Regionen auftretende, aus Amerika stammende Kastanienrindenkrebs *(Endothia parasitica)*, der zum Absterben der Bäume führt. Es werden große Anstrengungen unternommen, gegen diesen Krankheitsbefall widerstandsfähige Sorten zu züchten. In den Mittelmeerländern ist auch die so genannte Tintenkrankheit *(Phytophtora)* stark verbreitet.

Problem Nr. 1 ist der Kastanienrindenkrebs

Vermehrung und Anzucht: Pflanzen, die nicht unbedingt zwecks Fruchtgewinnung gepflanzt werden, lassen sich einfach durch Samen vermehren. Dazu müssen die Früchte sofort nach dem Abfallen angebaut oder in feuchtem Substrat bei –1 bis 2 °C gelagert und im Frühjahr in etwa 5 cm tiefen Rillen ausgelegt werden (Achtung: Mäusefraß!).

Fruchtsorten werden im Winter auf gut eingewurzelte Unterlagen von *C. sativa* veredelt (Kopulation und Geißfuß), seitliches Anplatten und Okulation im Juni sind ebenfalls möglich. Einjährige Okulationen können bis zu 2 m Höhe erreichen. Bei der Pflanzung sind zu dicht gewachsene Kronen, wie sie bei Veredelungen oft auftreten, auszulichten. Später reicht dann ein mäßiger Auslichtungsschnitt.

Sorten können nur von Spezialisten vermehrt werden

Sorten und Auslesen: Um die Befruchtung der Bäume sicherzustellen, sollten mehrere Exemplare verschiedener Sorten ausgepflanzt werden. Es gibt zahlreiche Sorten. Außerdem werden Befruchtungskombinationen für den Erwerbsobstbau empfohlen.

Edelkastanien werden als Obstgehölze geführt, die Sorten und deren Eigenschaften sind der Obstsortenliteratur zu entnehmen. In Österreich ist unter anderem die Sorte ***Ecker-1*** mit mittelgroßen Früchten, früh einsetzendem Ertrag und guter Frosthärte bekannt. Weitere Arten mit essbaren Früchten sind die ***Amerikanische Kastanie*** *(C. dentata)*, die für den Kastanienrindenkrebs anfällig und in ihrer Heimat fast ausgerottet ist, sowie die ***Japanische Esskastanie*** *(C. crenata)*, die gegenüber dieser Krankheit resistent zu sein scheint. Es gibt inzwischen auch resistente Sorten beziehungsweise Hybriden zwischen *C. sativa* und *C. crenata*.

Ginkgobaum

Ginkgo biloba (*Ginkgoaceae*, Ginkgogewächse)
Weitere Namen: Silberaprikose, Entenfußbaum, Mädchenhaar-Baum

Der Ginkgo ist ein „Lebendes Fossil" der Pflanzenwelt

Pflanzenmerkmale und Verbreitung: Der dekorative, meist etwas sparrig wachsende Parkbaum stammt aus China und wurde 1727 nach Europa gebracht. Er ist deshalb besonders interessant, weil er sich über Jahrmillionen hindurch kaum verändert hat, und wird als „Lebendes Fossil" bezeichnet. Der Baum trägt sehr charakteristische, zweilappige Blätter, die sich im Herbst leuchtendgelb ausfärben.

Seine Blüten sind zweihäusig verteilt, es gibt also männliche und weibliche Bäume. Nur an den Bäumen mit weiblichen Blüten entwickeln sich Früchte (genau genommen sind dies die Samen), sofern ein männlicher Baum in der Nähe steht.

Ginkgo-Früchte

Frucht: Sie werden etwa 2–3 cm groß und erinnern in Form und Farbe ein wenig an Mirabellen, daher der Name Silberaprikose. Wenn die Früchte im September/Oktober abfallen, verbreiten sie einen äußerst unangenehmen Geruch (Buttersäure!). Deshalb wartet man mit dem Einsammeln der Früchte, bis das Fruchtfleisch verrottet ist, denn nur die Steinkerne werden verwendet.

Verwertung: Man röstet die Kerne, knackt sie und verspeist sie ähnlich wie gebratene Maroni. In China und Japan werden sie als Delikatesse betrachtet.

Ginkgo wird teilweise in Plantagen angebaut, er wird heute in großen Mengen vorwiegend in der Pharmazie, aber auch in der Lebensmittelindustrie verwendet (z. B. Tee mit Ginkgo-Extrakt). In seiner Heimat dient er seit Langem als Heilmittel in der Volksmedizin.

Vermehrung und Anzucht: Die Vermehrung erfolgt durch Aussaat der Samen. Man muss dazu allerdings das Fruchtfleisch vor dem Stratifizieren (siehe Kapitel Vermehrung) entfernen. Die Nachkommen können dann männlich oder weiblich sein! Auch eine Vermehrung durch Grünstecklinge im Warmhaus ist möglich.

Es gibt zahlreiche Zierformen, darunter Säulenformen, Hängeformen und solche mit abweichenden Blättern.

Mittelgroße Bäume

Die Bäume dieser Größenordnung werden etwa 10 bis 12 m hoch, gelegentlich auch etwas höher. Sie eignen sich gut als Hausbäume, auch für größere Vorgärten. Mit ihnen lassen sich Gärten gut strukturieren, gleichzeitig bringen sie mit ihrem Blüten- und Fruchtschmuck viel Abwechslung in unsere Gärten. Auch von dieser Größenkategorie wird man im Allgemeinen nur Einzelexemplare pflanzen. Bei ausreichendem Platzangebot kann man zum Beispiel in naturnahe Hecken auch mehrere Bäume einplanen. Sie sind auch als Übergang zur Kulturlandschaft gut geeignet.

Eberesche

Die Früchte der Gemeinen Eberesche schmecken bitter

Sorbus aucuparia (*Rosaceae*, Rosengewächse)
Weitere Namen: Vogelbeere, Vogelbeerbaum, Ebschbeerbaum, Drosselbeere, Quitschernbaum, Quickenbeerbaum, Pielbeerbaum

Pflanzenmerkmale und Verbreitung: Die Eberesche ist im gesamten europäischen Raum verbreitet, im Gebirge wächst sie bis in 2.400 m Höhe (dann allerdings nur mehr strauchförmig – als eigene Unterart *S. aucuparia glabrata*) und kommt noch in Kleinasien und Westsibirien vor. Sie wächst zu einem kleinen bis mittelgroßen Baum von 6–12 m (gelegentlich bis 20 m) heran, der durch seine relativ lockere, schmale Krone (4–6 m breit) auffällt. Wächst oft malerisch mehrstämmig.

Vogelkirsche (*Prunus avium*)

Die dunkelbraunen Triebe mit Lentizellen, die wechselständigen, unpaarig gefiederten Blätter und die cremeweißen, unangenehm duftenden Blüten in endständigen Trugdolden im Mai/Juni sind Erkennungsmerkmale dieser Art. Erwähnenswert ist die prächtige orange bis leuchtendrote Herbstfärbung der Blätter. Die Eberesche wächst in Jugendjahren (die ersten 20 Jahre) sehr rasch, später wird sie trägwüchsig und kann ein Alter von 50–80 (selten bis 100) Jahren erreichen.

Etwa 15 Jahre alter Baum der Thüringischen Eberesche (Sorbus thuringiaca)

Eignung: Attraktiver Solitärbaum (Wuchs, Blüte, Früchte, Herbstfärbung) für den Hausgarten in allen Höhenlagen, auch für hohe Hecken und Abpflanzungen (strauchförmig) sowie für die Begrünung von sonnigen Böschungen. Benötigt jedoch ausreichende Boden- und Luftfeuchte!

Wichtiges Gehölz für Insekten (Blüten) sowie Vögel und Säugetiere (Früchte). Wird oft auch als Straßenbaum (Überlandstraßen) und in der Dorfbegrünung verwendet.

Frucht: Kugelige, 0,8–1 (–1,5) cm große, orangefarbene bis scharlachrote, apfelartige Scheinfrüchte werden in großer Anzahl in Trugdolden gebildet. Die Baumreife erfolgt bereits Ende August bis Mitte September (zu dieser Zeit ist der Vitamin-C-Gehalt am höchsten), die Fruchtreife (Vollreife) selbst tritt erst – je nach Höhenlage – im Oktober ein. Von einem ausgewachsenen Baum können etwa 20–40 kg Früchte geerntet werden.

An Inhaltsstoffen enthalten die Früchte viel Vitamin C (50–120 mg/100 g Frischsubstanz), Provitamin A, große Mengen an Fruchtsäure (2,3 %), Zucker (9,4 %), Sorbit (Zuckerersatz für Diabetiker), Sorbinsäure (wird zur Lebensmittelkonservierung verwendet, da sie die Entwicklung verschiedener Schimmelpilze und Bakterien hemmt), ätherische Öle und Anthocyane. Sie enthalten vor allem Parasorbinsäure, die den herben, adstringierenden Geschmack verursacht, der die Früchte für den Rohgenuss ausschließen lässt. Dies gilt allerdings nicht für die Edel-Eberesche!

Stilleben mit Fruchtständen verschiedener Ebereschen-Arten und Apfelbeeren

Verwertung: Die Früchte lassen sich leicht von Hand ernten. Achten Sie unbedingt darauf, dass die Blütenknospen nicht abgebrochen werden. Die nun bereits gut entwickelten Blütenknospen sitzen unterhalb der Ansatzstellen der Fruchttrauben. Die zur Reifezeit geernteten Früchte können zu Marmeladen, Gelee, Fruchtmark, Kompott und kandierten Früchten verarbeitet werden. Möchten Sie den herb-sauren Geschmack der Vogelbeeren etwas mildern, dann geben Sie bei der Verarbeitung der Früchte entweder Äpfel, Birnen oder Quitten dazu.

Früher wurde aus den Früchten der Vogelbeere der Zuckeraustauschstoff Sorbit gewonnen. Er diente als Süßungsmittel und mildes Abführmittel. Heute wird Sorbit zum Süßen von Diabetiker-Lebensmitteln verwendet

Auch für die Backwarenherstellung und die Süßwarenindustrie sind sie von Bedeutung. Werden die Früchte zur Vollreife geerntet, so bereitet man daraus Saft, Likör, Wein, Schnaps (Ausbeute 2,7 Liter Alkohol auf 100 Liter Maische, vollreife Früchte verwenden!). Auch Fruchtnektar und Essig kann man aus den Früchten herstellen. Man kann sie auch trocknen („Rosinen"). Die Früchte der Edel-Eberesche sind darüber hinaus auch für den Rohverzehr geeignet.

Das weiße, im Kern rotbraune Holz ist elastisch und feinfasrig und wird für Furniere und Büchsenschäfte von Drechslern, Schnitzern und Tischlern verwendet.

Standortansprüche und Pflege: Die Eberesche bevorzugt frische bis feuchte, mäßig nährstoffreiche Böden mit leicht saurer bis kalkhaltiger Bodenreaktion. Als Flachwurzler meidet sie flachgründige Böden, bei Sommertrockenheit reagiert sie mit frühzeitigem Blattwurf. Der frostharte Baum wächst an sonnigen bis halbschattigen Standorten, reagiert aber empfindlich auf Trockenheit und Hitze.

Schnittmaßnahmen sind nicht nötig, die Eberesche regeneriert sich nach einem Rückschnitt (falls dies aus Platzgründen einmal notwendig werden sollte) aber sehr gut. Um guten und frühzeitig einsetzenden Fruchtertrag zu erhalten, sollten die Pflanzen im zweiten Standjahr formiert werden, dies gilt insbesondere auch für die essbare Eberesche. Die Triebe sollten dazu etwa 1–2 m lang sein, sie werden dann auf einen 45°-Winkel heruntergebogen. Später sollte möglichst wenig geschnitten werden, da sich nur an den Endknospen älterer Fruchtruten oder Fruchtspieße Blüten bilden.

Junger Baum mit natürlich gewachsener Krone (links) und mit formierter Krone, die Äste wurden etwa im 45°-Winkel heruntergebunden (rechts)

Krankheiten und Schädlinge: Die Ebereschenfruchtmotte (besonders in luftfeuchten Lagen) tritt auch an Äpfeln (Apfelmotte) auf. Daneben können noch zahlreiche weitere Insektenarten auftreten. Ebereschen-Monilia (Zweigdürre und Fruchtfäule) und Schorf sind gelegentlich ein Problem. Die Eberesche gehört leider auch zu den Feuerbrand-Wirtspflanzen. Schäden durch Wildverbiss durch Hasen und Rotwild können gelegentlich beobachtet werden.

Vermehrung und Anzucht: Die Wildform wird durch Samen, die stratifiziert werden müssen, vermehrt. Selektionen und Auslesen müssen veredelt werden. Als Unterlagen kommen Sämlinge der Art, Quitte und Weißdorn (für schwächeren Wuchs, diese sind jedoch kurzlebiger!) in Frage.

Sorten und Auslesen: Von der Vogelbeere gibt es mehrere Zierformen (z. B. Säulen und Hängeform, gelbe Fruchtsorten), die für die Fruchtgewinnung aber nicht zweckmäßig sind, da bei diesen Sorten der Zierwert der Früchte im Vordergrund steht. Besonders interessant – auch in wirtschaftlicher Hinsicht – sind die so genannten Edel-Ebereschen.

Essbare oder Mährische Eberesche, Edel-Eberesche

Die Früchte der essbaren Eberesche enthalten keine Bitterstoffe

(*Sorbus aucuparia* var. *edulis*, *Syn.*: *S. aucuparia* var. *moravica*, oft auch als *S. aucuparia Edulis* im Handel)

> Bei der Benennung der Sorten dieser Gruppe gibt es unterschiedliche Auffassungen: In der „Namenliste Gehölze 2005–2010" von M. H. A. Hoffmann werden die Sorten der Essbaren Eberesche als Sorten von *Sorbus aucuparia*: 'Konzentra', 'Rosina' und 'Rossica Major' geführt, 'Rossica' jedoch nur als Synonym von *S. aucuparia var. edulis* betrachtet.

Die Edel-Eberesche unterscheidet sich durch die weitgehend ganzrandigen Fiederblättchen und die rötlichen Blattspindeln von der Gewöhnlichen Eberesche

Hierbei handelt es sich um eine Pflanze mit (fast) bitterstofffreien Früchten, die um 1810 von Hirtenjungen in Nordböhmen (Altvatergebirge) als Mutante in einem Bestand von *Sorbus aucuparia* gefunden wurde. Sie unterscheidet sich von der Gemeinen Eberesche durch die Blätter (größer, die Basis ist spitz, die Blättchen sind im unteren Drittel ganzrandig, die Blattspindel rötlich), Blüte (Blütenstand ist größer, flach ausgebreitet, Einzelblüten etwa 1 cm breit) und Frucht (nicht bitter, sondern süß-sauer,

Habitus der Hybrid-eberesche 'Titan'

etwa 1 cm groß, unreif orangefarben, vollreif glänzend scharlachrot, hellgelb punktiert). Das Aroma der Früchte erinnert an Preiselbeeren.

Edel-Ebereschen bevorzugen Standorte mit Niederschlagsmengen von 800–900 mm/Jahr, der pH-Wert des Bodens sollte zwischen 5 und 6 liegen. Erträge zwischen 20 und 40 kg pro Pflanze sind möglich. Edel-Ebereschen werden in Bulgarien, Polen und Russland in Plantagen angebaut.

Mit zunehmender Fruchtreife nimmt der Säure- und Vitamin-C-Gehalt ab (etwa 20–30 %), der Zucker- und Sorbitgehalt dagegen zu. Der Vitamin-C-Gehalt der Früchte bei einzelnen Edel-Ebereschen-Sorten beträgt 80–100 (–220) mg/100 g Frischgewicht bzw. bis 250 mg/100 g im Saftkonzentrat. Der Gehalt an Apfelsäure beträgt 2–3 g/100 g, Carotin ist in Mengen von 10–15 g/100g enthalten. Daneben ist noch ein beachtlicher Zuckergehalt von 5–10 % anzuführen.

Die Verwertung erfolgt wie bei der Gemeinen Eberesche, allerdings mit dem Unterschied, dass bei der Edel-Eberesche der herb adstringierende Geschmack fehlt und die Produkte durch den höheren Zuckergehalt qualitativ besser werden. Vor allem Süßmost, Sirup und Saftkonzentrat können daraus gewonnen werden, aber auch ein besonders feiner Schnaps (Ausbeute ca. 4,5 Liter reiner Alkohol pro 100 Liter Maische) lässt sich daraus bereiten. Wegen des herb-sauren Geschmacks der Ebereschenfrüchte ist bei deren Verarbeitung zu Marmelade eine Mischung mit süßen Früchten wie Brombeeren, Quitte und Apfel zu empfehlen.

Edel-Ebereschen werden in den neuen Bundesländern für den erwerbsmäßigen großflächigen Anbau zur Fruchtgewinnung für die Lebensmittelindustrie empfohlen.

Der Edel-Eberesche fehlt der herb adstringierende Geschmack der Früchte

Edel-Ebereschen eignen sich besonders auch für die Verwendung in Hausgärten. Insbesondere auch dann, wenn man den herb-adstringierenden Geschmack der Gewöhnlichen Eberesche nicht so gerne mag. Sie sind allerdings trocken-, hitze- und salzempfindlich, sonst aber wenig anfällig für Krankheiten und Schädlinge.

Sorten und Auslesen: Bereits um 1900 wurden durch die Baumschule Späth in Berlin die bitterstoffarmen Sorten ***Rossica*** und ***Rossica Major*** (mit 1,5 cm großen Früchten) in den Handel gebracht. Diese stammten ursprünglich aus Südrussland (Kiew) und waren dort unter dem Namen ***Neschinskaja*** verbreitet. Sie wurden dort auch baumschulmäßig vermehrt, und die Früchte wurden roh gegessen und verarbeitet.

1946 wurden zwei weitere Sorten der Edel-Eberesche mit besonderen Eigenschaften vom Institut für Gartenbau in Dresden, Pillnitz, in den Handel gebracht:

Konzentra: Stammt aus Annaburg, ist starkwüchsig, Pflück- und Genussreife Mitte bis Ende September, kleine bis mittelgroße Dolden mit kleinen bis mittelgroßen Früchten sowie dicker, fester, rötlich oranger Fruchtschale und gelblich orangem Fruchtfleisch. Die Sortenbezeichnung Konzentra erfolgte aufgrund des hohen Vitamin-C-Gehaltes von 220 mg/100 g Frischsubstanz.

Rosina: Stammt aus Sebnitz in Sachsen, ist mittelstark wachsend, mit steil aufwärts gerichteten Ästen und breit-pyramidaler Krone. Pflück- und Genussreife treten Mitte bis Ende September ein. Die Früchte werden in großen Dolden gebildet, sind orangefarben bis rötlich, und das Fruchtfleisch ist hellgelb orange gefärbt. Wegen des süßsäuerlichen, aromatischen Geschmackes und des hohen Vitamin-C-Gehaltes (70–120 mg/100 g Frischsubstanz) ist Rosina eine wertvolle Sorte mit vielen Verwendungsmöglichkeiten.

Orangerote Früchte der Edel-Eberesche 'Rosina'

Klosterneuburger IV: Ist eine Selektion mit hohem Ertrag, besonders reich an Inhaltsstoffen, besonders an Vitamin C, und reift im September. Diese Sorte bevorzugt schwach sauren Boden in sonniger Lage und findet als schöner Hausbaum Verwendung.

Weitere Arten

Hybrid-Ebereschen

Die seit 1905 von Mitschurin durchgeführten Gattungs- und Artkreuzungen von *Sorbus aucuparia* führten zur Entstehung völlig neuer Hybriden. Unter anderem wurde die Apfelbeere (*Aronia melanocarpa* – oder *A. prunifolia*), der Weißdorn (*Crataegus sanguinea*) und die Mispel (*Mespilus germanica*) eingekreuzt. Die daraus entstandenen Sorten (*X Sorbaronia sp.*) könnten im weitesten Sinne ebenfalls zu den Edel-Ebereschen gerechnet werden:

> Auch bei dieser Gruppe gibt es keine einheitliche Zuordnung: In der „Namenliste Gehölze 2005–2010" von M. H. A. Hoffmann werden die folgenden Sorten als *Sorbus* 'Titan', S. 'Likjornaja' und S. 'Burka' bezeichnet.

Hybrid-Eberesche 'Titan' mit dunkel-weinroter Fruchtfarbe

Titan: (*Sorbus* 'Titan'): Es wird vermutet, dass diese Sorte aus einer Kreuzung zwischen *Sorbus aucuparia* und *Crataegus sanguinea* oder *Aronia melanocarpa* hervorgegangen ist. Wuchsform und Blätter sind der Eberesche ähnlich, aber 'Titan' wächst zumindest anfangs strauchförmig und entwickelt sich später zu einem kleinen Baum von 3–4 m Wuchshöhe und breit rundlicher Krone.

Die kleinen Bäume sind sehr reich fruchtend, unter guten Bodenbedingungen sind Erträge zwischen 15 und 35 kg realistisch. Ihre Früchte

Hybrid-Eberesche 'Likjornaja' ist ähnlich wie 'Burka'

sind etwa 1,5 cm groß, stumpf dunkelrot und enthalten im Vergleich zur Eberesche einen wesentlich geringeren Bitterstoffgehalt.

Sie lassen sich zu Saft oder einer wohlschmeckenden Marmelade (mit geringem Apfelanteil) verarbeiten. Ähnlich den Preiselbeeren kann man aus den Früchten auch ein Kompott bereiten. Die Ansprüche sind ähnlich jenen der Eberesche, ihre Blätter weisen eine tief dunkelrote Herbstfärbung auf.

Likjornaja: (*X Sorbaronia fallax*, bzw. *Sorbus* 'Likjornaja'): Entstanden ist diese Sorte durch Kreuzung von *Sorbus aucuparia* und *Aronia melanocarpa Neynhold* (entspricht den heute als *A. x prunifolia* bezeichneten Pflanzen). Sie wächst eher strauchartig und erreicht Höhen von etwa 2–2,5 m. Der Ertrag ist im Vergleich zu 'Titan' deutlich geringer, ihre Fruchtstände wesentlich kleiner.

Die Blätter sind in Größe und Form ähnlich jenen von *Aronia x prunifolia*, jedoch bis zur Blattmitte gefiedert. Die Früchte sind schwarzrot, im vollreifen Zustand purpurschwarzrot, der Geschmack etwas adstringierend bis süß. Verwertung zu Marmelade (mit Apfelanteil).

Hybrid-Eberesche 'Burka' mit schwarzroten Früchten

Burka (*Sorbus* 'Burka'): ist lt. Mitschurin eine Kreuzung zwischen der Gemeinen Vogelbeere (*Sorbus aucuparia*) und der Alpeneberesche (*Sorbus alpina*). Sie wurde 1918 gewonnen, ihre Früchte sind etwa doppelt so groß wie jene der Gemeinen Eberesche, rötlich braun und süß. Ich vermute jedoch, dass eine Sorte mit diesen Eigenschaften in Mitteleuropa gar nicht in Kultur ist.

Granatnaja (*Sorbus* 'Granatnaja'): Eine weitere Kreuzung zwischen der Gemeinen Eberesche und dem Sibirischen Blutdorn (*Crataegus sanguinea*), 1930 gab es die ersten Früchte von einem 5-jährigen Sämling. Die Blättchen sind unsymmetrisch, die Früchte kantig und erreichen die Größe einer Kirsche. Sie sind von „sauersüßem Geschmack ohne Bitterkeit und für die Konfitüren-Erzeugung geeignet". Die schönen Fruchtdolden sind granatfarben, weshalb Mitschurin diese Sorten 'Granatnaja' nannte.

Auch die Amerikanische Eberesche bringt große Fruchtstände mit bitteren Früchten hervor

Mitschurina Desertnaja: Mitschurins Dessert-Eberesche ist aus einer Kreuzung der Vogelbeere mit der Mispel hervorgegangen. Sie ist schwachwüchsig, trägt mittelgroße, mispelähnliche, rotbraune Früchte, die süß mit pikantem, leicht bitterem Geschmack sind.

Amerikanische Eberesche (*Sorbus americana*): Kleiner, oft mehrstämmiger Baum, ähnlich der Eberesche, aber mit größeren Blättern und größeren Fruchttrauben. Diese Art wird meist als Veredelung (Unterlage *Crataegus*) angeboten.

Fruchtet als junge Pflanze bereits, doch diese Veredelungen sind aber eher kurzlebig. Hoher Fruchtertrag, Früchte wie bei der gewöhnlichen Eberesche herb und adstringierend schmeckend. Ergibt, mit Apfel gemischt, eine sehr gute Marmelade.

Arnolds Eberesche, Gelbfrüchtige Mehlbeere *(Sorbus x arnoldiana* 'Golden Wonder'): Ist ein kleiner Baum oder breitkegeliger Großstrauch von 7–10 m Wuchshöhe und großen Fruchtständen mit auffallend ockergelben Früchten. Allerdings bringt sie keine allzu hohen Erträge.

Da ihre Früchte sehr arm an Bitterstoffen sind, können sie gut als Gelee, Marmelade und Kompott verwertet werden. Aus vollreifen Früchten lässt sich auch Saft, Likör und Schnaps herstellen.

Elsbeere

Elsbeerbaum in vollem Blütenschmuck (Sorbus torminalis)

Sorbus torminalis (Rosaceae, Rosengewächse)
Weitere Namen: Elzebeere, Atlasbeere, Arschrösel, Eschrösel, Aresel, Adlasbeer, Wilder Sperberbaum

Pflanzenmerkmale und Verbreitung: Europa, Kleinasien, Transkaukasien und Nordafrika sind die Heimat der Elsbeere. Diese wärmeliebende Gehölzart kommt in den Alpen bis in 900 m Seehöhe vor. Es ist ein mittelgroßer (8–20 m, in Ausnahmefällen sogar bis 25 m hoher), sommergrüner Baum mit rundlich-eiförmiger Krone. Er ist mit 100 Jahren ausgewachsen, kann aber ein Alter von 200 bis 300 Jahren erreichen.

Die Elsbeere wächst oft auch nur strauchförmig, ist mehrtriebig und kann Dickichte bilden. Seine wechselständigen Blätter sind breit-eiförmig, im Umriss dreieckig bis oval, mit 3–4 dreieckigen Lappen, oberseits glänzend grün, derb-ledrig, prächtige gelborange bis rote Herbstfärbung. Die reinweißen Blüten sitzen in 7–12 cm breiten, filzig-behaarten Schirmrispen, sind selbstfruchtbar, unangenehm riechend. Blütezeit ist Mai/Juni.

Blätter und die typischen braunen, punktierten Früchte der Elsbeere (Sorbus torminalis)

Eignung: Obwohl dieser attraktive, etwas wärmebedürftige Baum mit seiner schönen Herbstfärbung interessant ist, kann er seiner Größe wegen nur für große Gärten, als Hausbaum in ländlichen Gebieten (z. B. bei Bauernhöfen) oder Parkanlagen empfohlen werden. Auch als Landschaftsgehölz ist der Elsbeerbaum in Verwendung.

Frucht: Die 1,2–1,8 cm großen ovalen, apfelartigen Scheinfrüchte sind erst olivgrün, später rötlichgelb mit hellen Punkten und zur Reife schließlich lederbraun mit großen Lentizellen. Sie reifen im Oktober/November,

Man muss die Früchte rechtzeitig pflücken, weil sie ansonsten sehr rasch von den Vögeln gefresen werden

bleiben aber länger am Baum. Das Fruchtfleisch weist zahlreiche Steinzellen auf, in den Früchten sind bis zu 7 mm große Samen enthalten. Die Ernte erfolgt per Hand.

Vitamin C, Gerbstoffe, Fruchtsäuren, Pektin und Flavonolglycoside sind als Inhaltsstoffe anzuführen.

Verwertung: Erst nach Frosteinwirkung werden die Früchte teigig und essbar, sie schmecken dann säuerlich aromatisch, ähnlich den Mispeln, also apfelmusartig. Vorwiegend werden sie aber verarbeitet. Es lassen sich daraus (in Mischung mit anderen säurearmen Früchten) Kompotte, Marmeladen, Gelees und Säfte bereiten.

Elsbeermost (etwa 1 %) fördert als Zusatz zu Obstwein und Obstmost deren Klärung, Geschmack und Aussehen sowie die Haltbarkeit. In Frankreich stellt man aus den Früchten einen Branntwein mit der Bezeichnung „Eau d'Alizer" her. Auch bei uns (Österreich) wird ein Edelbrand aus Elsbeerfrüchten destilliert (Adlitzbeerwasser), er ist einer der kostbarsten Schnäpse, für den Preise von etwa 150 Euro pro Liter erzielt werden. In der Volksheilkunde wurden getrocknete, unreife Früchte gegen die Ruhr verwendet (Plinius).

Aus den Früchten des Elsbeerbaumes wird der kostbarste und angeblich beste Edelbrand Österreichs hergestellt. Er zeichnet sich durch ein unverwechselbares Mandel- und Marzipanaroma aus

Das Holz der Elsbeere ist weißgelb, dunkelt rötlich nach, ist sehr hart und zäh und wird zur Herstellung von Flöten und Kleinmöbeln verwendet. Aber nicht nur bei Tischlern, sondern auch bei Drechslern und Bildhauern ist es sehr begehrt. Es wird oft als „Birnbaum" bezeichnet und als Furnier für wertvolle Innenausstattungen und im Möbelbau verwendet. Für dieses wertvolle Holz werden in Fachkreisen Spitzenpreise bezahlt.

Standortansprüche und Pflege: Wächst auf nährstoffreichen, kalkhaltigen Lehmböden, aber auch tiefgründigen, durchlässigen Gesteinsböden. Die Elsbeere ist ein Lichtgehölz, welches lichten Schatten noch duldet, sommerwarme bzw. wintermilde Klimalagen sind günstig.

Krankheiten und Schädlinge: Außer gelegentlichem Befall von Blattläusen sind keine speziellen Krankheiten und Schädlinge bekannt.

Vermehrung und Anzucht: Die Vermehrung ist durch Aussaat möglich (Samen stratifizieren), aber auch durch Veredelung. Als Unterlagen dienen Weißdorn und Birnensämlinge.

Sorten und Auslesen: Keine bekannt bzw. werden in Baumschulen keine Sorten angeboten.

Mehlbeere

Sorbus aria (*Rosaceae*, Rosengewächse)
Weitere Namen: Mehlbeerbaum, Weißbaum

Mehlbeerbaum mit Früchten am Naturstandort (Sorbus aria)

Pflanzenmerkmale und Verbreitung: Die Mehlbeere ist von Mittel- bis Südeuropa sowie in England, Skandinavien und Nordafrika natürlich verbreitet und kommt vorwiegend von der Hügelstufe bis in Mittelgebirgslagen vor. In höheren Lagen (in den Alpen bis über 2.000 m) ist sie allerdings nur mehr strauchförmig anzutreffen. Sie wächst zu einem kleinen bis mittelgroßen Baum (6–15 m) mit breit kegeliger bis kugelförmiger Krone heran, entwickelt sich gelegentlich aber auch nur strauchförmig (Großstrauch), insbesondere im Unterwuchs von Laubmischwäldern. Der sommergrüne Baum kann bis zu 200 Jahre alt werden.

Seine Blätter sind wechselständig, derb, oval-eiförmig, oberseits dunkelgrün glänzend und unterseits dicht weißfilzig. Die weißen Blüten entwickeln sich endständig in rispenartigen Trugdolden und blühen von Mai bis Juni. Sie sind selbstfruchtbar.

Eignung: Als Großstrauch kann die Mehlbeere für hohe Abpflanzungen und Sichtschutzhecken verwendet werden. Mit seinem Blatt-, Blüten- und Fruchtschmuck ist dieser Baum ein schöner, rundkroniger Solitär für den Vorgarten oder Garten. Er wächst vorzugsweise an sonnigen Standorten, gedeiht im Halbschatten aber ebenso gut und ist für die Verwendung auf stark kalkhaltigen Böden und in höheren Lagen noch gut geeignet. Darüber hinaus lässt er sich für sonnige Böschungen und als Kübelpflanze sowie für das mobile Grün (wie in Trögen) verwenden. Darüber hinaus wird er auch als Straßenbaum verwendet.

Die Früchte des Mehlbeerbaumes schmecken mehlig-süß

Frucht: Die orangen bis roten, kugeligen, apfelförmigen Scheinfrüchte werden etwa 1–1,5 cm groß und reifen im Oktober. Sie enthalten keine Parasorbinsäure (die den bitteren Geschmack der Ebereschenfrüchte verursacht) und schmecken deshalb süßlich, können also roh gegessen werden. Neben Vitamin C, Provitamin A, Pektin und reichlich Zucker sind noch Sorbin-, Apfel- und Zitronensäure enthalten.

Verwertung: Nach Frosteinwirkung werden die mehlig-fade schmeckenden Früchte weich, süß und essbar und können für Kompott ver-

Die Früchte der Mehlbeere enthalten keine Parasorbinsäure und schmecken deshalb nicht bitter, sondern mehlig süßlich

wendet werden. In Mischung mit anderen, eher sauren Früchten, wie Berberitzen, sauren Äpfeln, Kornelkirschen, Hagebutten und Roten Johannisbeeren, können sie zu Gelee, Konfitüre, Mus oder Saft verarbeitet werden. Sie lassen sich auch trocknen, ebenso lassen sich daraus Essig und Wein herstellen. In Notzeiten wurden die Früchte auch zu Mehl verarbeitet und das „Hutzelbrot" daraus gebacken.

Das Holz des Mehlbeerbaumes wird für Tischler- und Drechslerarbeiten verwendet. Es zeichnet sich durch eine schöne Maserung, einen gelblich weißen Splint und einen rotbraunen Kern aus.

Die Mehlbeere zeichnet sich durch ein hohes Ausschlagvermögen aus

Standortansprüche und Pflege: Die frostharte, wärmeliebende und hitzeverträgliche Mehlbeere kommt mit den meisten Standorten gut zurecht. Sie bevorzugt schwach saure bis stark kalkhaltige Böden und ist trockenheitsresistent. Sie ist anpassungsfähig, wenngleich sie auf mäßig frischen, durchlässigen Böden am besten gedeiht. Die Mehlbeere weist ein hohes Ausschlagvermögen auf, dennoch sind Schnittmaßnahmen nicht nötig (außer, sie wird zu groß).

Krankheiten und Schädlinge: Treten kaum auf.

Vermehrung und Anzucht: Eine Vermehrung durch Samen ist möglich (Aussaat im Herbst oder Stratifizieren). Man kann die Mehlbeere auch auf Sämlinge der Art, auf die Schwedische Mehlbeere, den Weißdorn oder die Vogelbeere veredeln (durch Kopulation im Winter/Frühjahr oder Okulation im Sommer).

Sorten und Auslesen: Es gibt einige Zierformen, die aber zur Fruchtgewinnung nicht interessant sind. Daneben gibt es noch zahlreiche Hybriden, die eigens behandelt werden.

Die Sorte ***Majestica (= Decaisneana)*** hat größere, ovale, blutrote Früchte, und die Blattunterseiten dieser Sorte sind leuchtend silberweiß. Eine weitere Varietät, *Sorbus aria f. longifolia*, hat ebenfalls größere, orangefarbene, wohlschmeckende Früchte.

Weitere Arten

Zwerg-Mehlbeere *(Sorbus chamaemespilus)*

Ist eine strauchförmig wachsende Verwandte der Mehlbeere, die in höheren Lagen vorkommt. Ihre braunroten, kugeligen bis eiförmigen Früchte weisen einen herben Geschmack auf.

Hybriden zwischen der Eberesche *(Sorbus aucuparia)* und der Mehlbeeere *(Sorbus aria)*

Zwischen den beiden Sorbus-Arten gibt es mehrere natürlich auftretende Hybriden, und die bekannteren bzw. häufiger verwendeten sollen hier angeführt werden. Sie sind durchwegs selbstfruchtbar, die Früchte werden apomiktisch gebildet. Sie lassen sich, obwohl es sich hierbei um Hybriden handelt, durch Samen vermehren!

Die Schwedische Mehlbeere und andere Hybriden sind offensichtlich feuerbrand-resistent

Schwedische Mehlbeere oder Oxelbeere *(Sorbus intermedia, Syn.: S. suecica)*

Kommt in Nordeuropa (Skandinavien, Baltikum) natürlich vor. Die Schwedische Mehlbeere wächst zu einem mittelgroßen Baum (10–12 m) heran, ist dabei der Mehlbeere sehr ähnlich und unterscheidet sich von dieser aber durch ihre eiförmigen, unterseits weißgraufilzigen, fiederartig gelappten Blätter deutlich. Die endständigen, rispenartigen Blüten erscheinen im Mai (bis Juni). Sie sind selbstfruchtbar.

Die apfelartigen, bis 1,5 cm großen, orange- bis ziegelroten Scheinfrüchte mit dem gelblichen Fruchtfleisch reifen im September/Oktober. Nach den ersten Frösten schmecken die Früchte süß-säuerlich. Die Inhaltsstoffe sind ähnlich der Mehlbeere, die Fruchtverwertung ebenso. Die Schwedische Mehlbeere wird vorwiegend als Zier- und Straßenbaum verwendet.

Schwedische Mehlbeere

Thüringische Eberesche *(Sorbus x thuringiaca)*

Entstand ebenfalls aus einer Kreuzung der Eberesche mit einer Form der Mehlbeere. Der kleine bis mittelgroße Baum weist einen lockeren Kronenaufbau auf. Seine Blätter besitzen an der Basis 1–4 freie einzelne Blättchen oder Fiederpaare, zur Mitte hin sind sie wie bei der Schwedischen Mehlbeere fiederförmig gelappt. Die Früchte dieser Art sind größer (bis 1,5 cm) als bei der vorigen, schmecken angenehm süß bis süß säuerlich und werden zur Reifezeit besonders gerne von Vögeln verzehrt. Sie sind gut verwertbar.

Sorbus x thuringiaca: die unteren Blattfiedern sind frei, die Früchte enthalten keine Bitterstoffe

Finnland-Mehlbeere *(Sorbus hybrida, Syn.: S. fennica)*

Ist eine weitere Hybride aus dieser Gruppe. Der kleine Baum hat relativ derb-ledrige, etwa 10 cm große Blätter, die unterseits graufilzig sind. Auch hier sind die ersten 1–2 Paar Fiederblätter freistehend, der Rest der Blattspreite ist fiederblättrig gelappt. Die kugeligen Früchte sind rot, 0,8–1,2 cm dick, schmecken süß-säuerlich und erinnern damit ein wenig an jene der Essbaren Eberesche.

Speierling

Detail des Speierlings mit Blättern und Früchten

Sorbus domestica (*Rosaceae,* Rosengewächse)
Weitere Namen: Spierling, Schweizer Birnbaum, Sperbel, Sperwe, Sperberbaum, Spierapfel, Butzelbeer, Ledersäck, Mauchbeer, Schneebirne, Aeschrösle, Aeschgriesle

Diese beinahe vergessene alte Obstart war bereits den Griechen (Theophrast, 4. Jh. v. Chr.) bekannt und wurde im Mittelalter besonders von Mönchen häufig in Klostergärten angepflanzt. Allerdings scheint man den Speierling in jener Zeit wegen seines adstringierenden Geschmackes eher als Arznei, denn als Nahrungsmittel verwendet zu haben. Heute scheint die Art gesichert, denn in den letzten 10 Jahren wurden etwa 100.000 Exemplare in Deutschland in Wäldern, auf Streuobstwiesen und in Hausgärten ausgepflanzt.

Prächtiger Speierlingbaum in der Kulturlandschaft (Sorbus domestica)

Pflanzenmerkmale und Verbreitung: Der Speierling ist in Südwest- und Südosteuropa, Kleinasien bis Transkaukasien sowie in Nordostafrika beheimatet und wurde schon frühzeitig in Mitteleuropa eingebürgert. Er ist seit mehr als 1.000 Jahren bevorzugt in Weinbaugebieten als Obstgehölz in Verwendung. Der sommergrüne Laubbaum steht der Eberesche im Aussehen sehr nahe. Er wächst zu einem etwa 15 m hohen Baum mit dickem Stamm und ovaler bis rundlicher Krone heran.

Seine Borke ist schuppig – ähnlich der Birne. Die wechselständigen, unpaarig gefiederten Blätter werden bis zu 23 cm lang und sind leicht behaart. Die weißen, in filzigen Doldentrauben angeordneten Blüten (Einzelblüten bis 1,7 cm groß) erscheinen im Mai, sie sind selbstfruchtbar. Die Bäume brauchen allerdings 8–20 Jahre, bis sie das erste Mal blühen und fruchten, und können ein Alter von etwa 150 Jahren erreichen.

Eignung: Der Speierling ist ein relativ großer, breitkroniger Baum und deshalb nur für wirklich große Gärten geeignet. Vielmehr ist er ein Solitär- und Gruppengehölz für die Kulturlandschaft bzw. in der Dorfgestaltung. Seine Verwendung beschränkt sich auf Gebiete mit Weinbauklima.

Frucht: Speierlingsfrüchte sind kugelig-apfelförmig oder birnenförmig, etwa 2–5 cm groß bei einem Gewicht von 10–20 (–40) g. Diese Scheinfrüchte sind anfangs grün, sie können sonnseits gelb oder rötlich (rotbackig) gefärbt sein. Es werden 3–10 (seltener bis 20) Früchte pro Fruchtdolde gebildet. Die Baumreife erfolgt im September/Oktober, bei Vollreife wird die Frucht bräunlich und teigig. Die Früchte sind aufgrund des herb-sauren Geschmackes roh nicht genießbar, was durch den hohen Phenolgehalt verursacht wird. Fruchterträge von 20 kg sind bei jüngeren Bäumen möglich, bei alten Bäumen können bis zu 100 kg Früchte pro Baum anfallen. Samenvermehrte Speierlinge brauchen etwa 12 Jahre, bis sie das erste Mal fruchten, bei veredelten Pflanzen setzt der Ertrag natürlich wesentlich früher ein. In den ersten Ertragsjahren kann man mit 2–5 kg an Früchten rechnen.

Birnenförmige Früchte des Speierlings

An Inhaltsstoffen sind Vitamin C (bis 40 mg/100 g), Gerbstoffe (bis 2,5–9,7 %), Gesamtsäure (6,9 %), Zucker (12,3 %) und Pektin zu erwähnen.

Verwertung: Wenn die Früchte überreif sind, schmecken sie etwas herb-säuerlich-süß und können roh verzehrt werden. Vorwiegend werden sie jedoch verarbeitet: Marmelade, gemischt mit Äpfeln, Birnen oder Quitten, ergibt eine Spezialität mit besonderer Geschmacksnote.

Speierlingsfrüchte von verschiedenen Bäumen

Auch Apfelwein wird daraus bereitet (Most, Cider), indem die Früchte säurearmem Apfel- und Birnenmost zugesetzt werden (etwa 1 %. Dies dient der Klärung, Haltbarmachung und Geschmacksverbesserung und wird durch die Tannine verursacht). Für diesen Verwendungszweck müssen die Früchte im hartreifen Zustand geerntet werden. Man mengt beim Pressen entweder 2–4 Hände voll Speierling auf etwa 100 kg Kernobst bei, oder man fügt nach getrenntem Pressen 4–5 Liter Speierlingssaft zu 100 Liter säurearmem Obstpresssaft hinzu. Dieses Mischungsverhältnis wird heute in der Maingegend angewandt, daraus entsteht der für die Gegend typische „Speierlingswein".

Unreife, noch harte Früchte haben, bedingt durch den hohen Gerbstoffgehalt, einen stark zusammenziehenden Geschmack. Reife Früchte sind weich und teigig, sie schmecken dagegen wie Apfelmus

Reife Früchte werden eingemaischt, und daraus wird ein hervorragender, unverkennbarer Obstschnaps mit typischem Aroma gebrannt. In Frankreich werden die Früchte „Sorbolen" genannt, der daraus hergestellte Branntwein ist als „Sorbette" bekannt. Die Früchte können auch süß-sauer eingelegt werden.

Auch heute noch scheinen die unreifen Früchte wegen ihres hohen Gerbstoffgehaltes in der Volksmedizin eine Rolle zu spielen.

Das Holz des Speierlings ist feinfaserig, hart, fest, aber elastisch, gleichzeitig das schwerste der europäischen Laubhölzer und hat auch heute noch einen sehr hohen Marktwert. Man stellt daraus insbesondere Furniere her. Das Holz wird aber auch von Drechslern, Bildhauern und Tischlern geschätzt.

Standortansprüche und Pflege: Der Speierling bevorzugt trockene bis mäßig frische, kalkhaltige Lehmböden, ist wärmeliebend und vorwiegend in Gebieten mit Weinbauklima anzutreffen. Überdies ist er besonders lichtbedürftig. Nach Möglichkeit sollten mehrere Bäume in der Umgebung gepflanzt werden, weil dadurch der Fruchtansatz wesentlich erhöht wird. Schnittmaßnahmen sind nicht notwendig und beschränken sich eventuell auf ein vorsichtiges Auslichten.

Krankheiten und Schädlinge: Im Jugendstadium kann ein Schorfpilz *(Fusicladium orbiculatum)* auftreten. Der Befall von Blattläusen kann Blätter und Triebspitzen verunstalten, und Wildverbiss kommt ebenfalls vor.

Man pflanzt am besten 2–3-jährige Sämlinge am endgültigen Standort, weil hiermit die besten Anwachsergebnisse erzielt werden

Vermehrung und Anzucht: Der Speierling kann durch Samen vermehrt werden, dazu müssen die Samen ausgewaschen, ab Dezember stratifiziert (in Sand eingebettet, ca. 3 Monate im Kühlraum) und im März bei +20 °C im Glashaus aufgestellt werden.

Will man besonders wertvolle Auslesen vermehren, so kann dies durch Veredelung (Kopulation und Geißfuß im Frühjahr) auf Quitte, Weißdorn oder Vogelbeere und die eigene Art natürlich sowie durch Okulation auf Birnensämlinge erfolgen. Der Weißdorn als Unterlage bringt zwar früh einsetzenden Fruchtertrag, doch sind die Pflanzen kurzlebig und nicht standfest. Optimal ist die Kopulation im Frühjahr auf Sämlinge der eigenen Art. Für die Auspflanzung am endgültigen Standort sollten 2–3-jährige Bäume verwendet werden, weil hier die besten Anwachsergebnisse festgestellt wurden.

Aufgeschnittene Früchte des Speierlings

Sorten und Auslesen: Es sind zwei Fruchtformen bekannt, *Sorbus domestica f. pomifera* mit apfelförmigen Früchten und *S. domestica f. pyriformis* mit birnenförmigen Früchten. Sorten sind zwar nicht bekannt, doch gibt es Auslesen mit recht unterschiedlichen Früchten hinsichtlich Aussehen, Fruchtgröße, -geschmack und -ertrag.

W. Kausch-Blecken von Schmeling stellt in seinem Buch über den Speierling mehrere Auslesen vor, darunter ***Bovender Nordlicht*** und ***Sossenheimer Riesen*** (Veitshöchheim). Daneben gibt es noch Typen mit reingelber Färbung und geringem Phenolgehalt sowie Formen mit starker brauner Berostung (beide aus Ungarn).

Jujube

Jujuben-Baum in Griechenland

Ziziphus jujuba (*Rhamnaceae,* Kreuzdornwächse)
Weitere Namen: Judendorn, Brustbeere oder Chinesische Dattel

Pflanzenmerkmale und Verbreitung: Die Jujube stammt aus Nord- und Nordostchina, wird heute aber von Indien bis in den Mittelmeerraum und Nordafrika sowie in Nord- und Südamerika kultiviert. Sie ist ein bis zu 10–12 m hoher, strauchartiger, häufig bedornter Baum mit lockerer Krone. Meist bleibt sie jedoch kleiner und erreicht Wuchshöhen von 3–5 m.

Ihre Zweige sind hin und her gebogen. Die kleinen, eiförmigen Blätter sind 3–6 cm lang, glänzend hellgrün gefärbt und weisen bei vielen Arten zwei Dornen an der Unterseite auf. Ihre kleinen grünlich gelben Blüten sitzen achselständig zu 2–3, sind kurz gestielt und erscheinen im späteren Frühjahr oder Frühsommer. Die Jujube ist selbstfruchtbar. Sie wird in China und Indien auf Plantagen angebaut.

Jujubenfrüchte

Frucht: Die 3–5 cm großen, länglichen, braunrot glänzenden Steinfrüchte mit gelbem, mildsüßem Fruchtfleisch erinnern im Geschmack an Äpfel. Im trockenen Zustand nehmen sie eine „mehlige" Konsistenz an. Sie sind zur Vollreife essbar und haben die Form von Datteln sowie einen länglichen Kern. die Früchte schmecken mild-süß.

100 g Jujuben enthalten etwa 1,4 g Eiweiß, 0,3 g Fett und 24 g Kohlenhydrate. Sie sind auch sehr reich an Mineralstoffen und Vitaminen: etwa 21 mg Kalzium, 0,5 mg Eisen, 3 mg Natrium, Vitamin A und 69 mg Vitamin C sind in den Früchten enthalten. Die Früchte werden bei uns gelegentlich von Oktober bis Dezember angeboten.

Verwertung: Jujuben werden ähnlich wie Datteln verwendet und üblicherweise roh mit der Schale verzehrt. In getrockneter Form stellen sie ausgezeichnete Energiespender dar. In China und im Mittelmeerraum werden die Früchte getrocknet oder kandiert. In Amerika werden aus Jujuben Bonbons/Zuckerln hergestellt. In der Volksmedizin werden sie als Sirup oder getrocknet als Brusttee (Brustbeere) verwendet und sollen bei Erkältungsbeschwerden Linderung bringen.

Standortansprüche und Pflege: Die Jujube benötigt ein sehr mildes Klimagebiet (Winterhärtezone 8), kann in Mitteleuropa eher nicht bzw. nur in günstigsten Lagen und bei entsprechendem Winterschutz gepflanzt werden. Sie übersteht angeblich kurzzeitig Temperaturen bis −15 °C, wobei die Winterhärte mit bis zu −20 °C angegeben wird. In wintermilden Gebieten (z. B. Rheintal, Küstengebiete) ist es möglich, Jujuben im Garten anzupflanzen, allerdings ist ein Schutz vor der Wintersonne angeraten (Abdeckung mit Reisig, Vlies o. Ä.). Von einer Überwinterung außerhalb dieser begünstigten Klimalagen wird abgeraten. Die Jujube wird üblicherweise als Kübelpflanze frostfrei überwintert.

Krankheiten und Schädlinge: Weitgehend schädlingsfrei, in extrem heißen Sommern können Spinnmilben auftreten.

Vermehrung und Anzucht: Lässt sich aus Samen vermehren. Junge Pflanzen beginnen ab einem Alter von 3–4 Jahren zu tragen.

Sorten und Auslesen: Es gibt für den mitteleuropäischen Raum keine Auslesen, weil die Pflanzen nicht ausreichend frosthart sind.

In Amerika gibt es unter anderem die Sorten:
Li: Fruchtgrößen von etwa 1,3–4,5 cm, sie schmecken süß und fruchten frühzeitig.
Lang: Die Frucht ist etwas größer als jene von Li, länglicher oder birnenförmig, 1,5–4,5 cm groß und süß. Fruchtreife setzt ebenfalls frühzeitig ein.
Sheerwood: Hat kleinere Früchte als Li und reift später. Die Früchte lassen sich bis zu 6 Wochen im Kühlschrank aufbewahren.

Weitere Sorten sind noch ***Silverhill*** (große Früchte), ***So*** (hochwertige Früchte), ***Shui Men*** (guter Geschmack, mittlere Reifezeit) und ***GA 866*** (besonders hoher Zuckergehalt).

Persimone

Diospyros virginiana (*Ebenaceae*, Ebenholzwächse)
Weitere Namen: Virginische Dattelpflaume

Pflanzenmerkmale und Verbreitung: Die Virginische Dattelpflaume ist im östlichen Nordamerika beheimatet und wurde bereits 1629 in Europa eingeführt. Der kleine Baum wird etwa 5–6 m hoch und trägt etwa 10 cm große oval-elliptische Blätter. Sorten können bis zur Klimazone 5 verwendet werden. Die Blüten sind fast sitzend, unscheinbar, grünlich und zweihäusig verteilt. Die Blütezeit erstreckt sich von Mai bis Juni.

Eignung: Attraktiver kleiner Baum mit schöner Herbstfärbung und essbaren Früchten.

Frucht: Die gelb-orangen Früchte erreichen eine Größe von 2 bis 6 cm. Im unreifen Zustand schmecken sie wegen des hohen Tannin-Gehaltes adstringierend, bei Vollreife jedoch süß und köstlich. In unserem Klima reifen die Früchte am Baum aus. Frühzeitig gepflückt, reifen sie nach, wenn sie für einige Zeit gelagert werden.

Früchte der Virginischen Dattelpflaume (Diospyros virginiana)

Verwertung: Die Früchte sind im vollreifen Zustand süß, und man kann sie roh als Naschfrucht verzehren. Darüber hinaus werden sie zu Mus, Pudding, Kuchen etc. verarbeitet. Die Indianer trockneten die Früchte ähnlich wie wir unsere Pflaumen. Auch die Tierwelt (Säugetiere und Vögel) fressen die Früchte gerne.

Auch das Holz dieses Baumes ist wertvoll; es ist eines der schwersten seiner Heimat, und wird für die Herstellung von Webstühlen und Furnieren verwendet.

Standortansprüche und Pflege: Persimon-Bäume bevorzugen ein mildes Klimagebiet (Winterhärtezone 6–10, Weinbauklima), die Kultursorte ***Meader*** ist noch bis Klimazone 5 geeignet.

Krankheiten und Schädlinge: Keine bekannt.

Vermehrung und Anzucht: Sorten müssen veredelt werden.

Sorten und Auslesen: ***Szukis:*** bildet ohne Bestäubung runde, etwa 2 cm große kernlose Früchte, ähnlich der Kaki. ***Prok:*** Früchte 4–5 cm groß.

Traubenkirsche

Zweige mit Blättern und Blütenständen der Traubenkirsche (Prunus padus)

Prunus padus (Rosaceae, Rosengewächse)
Weitere Namen: Elxn, Elsn, Elessn, Elchsen, Hexenbaum, Ölxn, Ölexn, Öjsn, Öxn

Pflanzenmerkmale und Verbreitung: Die Traubenkirsche ist eine eurasische Gehölzart, die von Westeuropa bis nach Korea und Japan sowie von Skandinavien bis Norditalien verbreitet ist und in den Alpen vom Tiefland bis in Höhenlagen von 1.800 m vorkommt.

Vielfach ist die Traubenkirsche ein mehrstämmiger Großstrauch oder kleiner Baum bis 10 m, mitunter sogar bis 15 m Höhe. Seine Krone ist oval bis rundlich, die elliptisch-länglichen Blätter sind oberseits dunkel-, unterseits blaugrün und 6–10 cm lang.

Die weißen, stark duftenden Blüten sind in hängenden Trauben mit je 10–20 Einzelblüten angeordnet und erscheinen meist in großer Fülle im April/Mai, sie sind selbstfruchtbar.

Eignung: Wird als Ziergehölz in großen Gärten und Parks, als starkwüchsiges Gehölz für hohe Abpflanzungen oder als Einzelbaum auch in halbschattiger Lage auf feuchten Standorten angepflanzt. Kann durch Wurzelausläufer im Garten lästig werden und ist deshalb vielfach als Landschaftsgehölz in Verwendung. Wichtiges Insekten und Vogelnährgehölz, ökologisch sehr wertvoll.

Die Früchte der Traubenkirsche sind zwar essbar, das Fruchtfleisch ist aber bittersüß und der Steinkern (Same) giftig

Frucht: Die Früchte der Traubenkirsche sind rundliche, schwarze, glänzende Steinfrüchte von 6–8 mm Durchmesser. Sie reifen je nach Standort von Juli bis August, sind essbar (Liebhaber), das Fruchtfleisch ist allerdings bittersüß und der Steinkern (Same) giftig. An Inhaltsstoffen sind Vitamin C, Fruchtsäuren und Zucker sowie reichlich Mineralstoffe enthalten. Das giftige Blausäureglycosid „Amygdalin“ befindet sich im Samen (auch anderer *Prunus*-Arten), der Rinde, den Blättern und den Blüten.

Die bittere, mandelartig riechende Rinde wurde früher als Abführmittel sowie gegen Rheuma und Gicht verwendet. Sie enthält ein weiteres Blausäureglycosid mit dem Namen „Prunasin“, das den Hustenreiz mindernd wirkt und auch in der Homöopathie gegen Kopfschmerzen und Herzleiden zum Einsatz kommt.

Auch das Holz lässt sich verwerten: Es ist zwar weich, aber dauerhaft und gut polierbar, deshalb wird es für Einlege- und Drechselarbeiten verwendet. Aus der Holzkohle erzeugte man Schießpulver.

Verwertung: Die Früchte eignen sich (vorausgesetzt man entfernt die Steinkerne!) für eine Verarbeitung zu Saft, Erfrischungsgetränken, Mischmarmeladen, Kompotten und Likör. Man weiß, dass Traubenkirschen bereits in der Stein- und der Bronzezeit verzehrt wurden.

Standortansprüche und Pflege: Traubenkirschen wachsen bevorzugt auf tiefgründigen, nährstoffreichen, lehmig bis sandig-steinigen Böden in voller Sonne bis lichtem Schatten. Sie sind sowohl sehr frosthart als auch wärmeverträglich und werden deswegen auch als Pioniergehölz an Bächen, Böschungen und im Dünenbereich verwendet. Schnittmaßnahmen sind nicht nötig, wobei die Pflanzen sich nach einem Rückschnitt sehr rasch regenerieren.

Krankheiten und Schädlinge: Gelegentlich kann es zu einem Massenauftreten von Gespinstmotten kommen. Deshalb wird empfohlen, Traubenkirschen nicht in der Nähe von Obstanlagen zu pflanzen.

Vermehrung und Anzucht: Lässt sich leicht aus Samen heranziehen, Sorten (nur als Ziergehölze bekannt) werden veredelt.

Sorten und Auslesen: Es gibt von der Traubenkirsche keine Auslesen bezüglich der Früchte, jedoch einige Zierformen (***Colorata*** rosablühend, ***Watereri*** starkwüchsig).

Weitere Arten

Spätblühende Traubenkirsche *(Prunus serotina)*

Stammt aus dem Osten Nordamerikas und wird dort als „black cherry“ bezeichnet. Sie ist in Europa teilweise eingebürgert. Ähnlich der Traubenkirsche, wird aber in ihrer Heimat bis 30 m, bei uns etwa 15 m hoch. Meidet stark kalkhaltige Böden in Kombination mit Trockenheit.

Unterscheidet sich von *Prunus padus* durch die oberseits stark glänzenden Blätter und die um etwa 14 Tage bis 3 Wochen spätere Blüte. Ihre Früchte sind ebenfalls glänzend, größer als bei der heimischen Traubenkirsche und können wie diese auch verwertet werden. In Nordamerika wird aus den Früchten Kirsch-Sirup, Gelee, Likör, Wein und Rum hergestellt.

Blätter und Früchte der Spätblühenden oder Amerikanischen Traubenkirsche (Prunus serotina)

Vogelkirsche

Prunus avium (Rosaceae, Rosengewächse)
Weitere Namen: Wildkirsche

Stammform der Süßkirsche

Pflanzenmerkmale und Verbreitung: Die Vogelkirsche ist von Europa bis zum Kaukasus und südlich bis nach Nordafrika verbreitet. Meist wächst sie in Laubmischwäldern, Hartholzauen und als Pionier auf Böschungen und Brachflächen.

Der etwa 15–20 m hohe Baum hat eine glänzend rotbraune, sich in horizontalen Ringeln ablösende Borke. Die zwittrigen weißen Blüten sitzen an Kurztrieben und öffnen sich im April kurz vor der Laubentfaltung.

Eignung: Attraktiver Solitärbaum (Wuchs, Blüte, Herbstfärbung) für die freie Landschaft und große, naturnahe Gärten sowie als Übergang zur Landschaft. Die Vogelkirsche bevorzugt tiefgründige Lehmböden.

Früchte der Vogelkirsche (Prunus avium)

Frucht: Kugelig, ca. 1,0 cm groß, schwarzrot mit glattem Steinkern. Die Fruchtreife erfolgt im Juli.

Verwertung: Die Früchte ähneln im Geschmack den Süß-Kirschen, haben aber mehr Säure und schmecken oft leicht bitter. Wegen des leicht bitteren Geschmacks werden sie gelegentlich für die Herstellung von Likör verwendet. Gute Bienenweide, und die Früchte werden gerne von Amseln, Staren und Krähen gefressen.

Standortansprüche und Pflege: Die Vogelkirsche ist sehr anpassungsfähig an den Standort und gedeiht in allen Klimagebieten.

Krankheiten und Schädlinge: Kirschenfruchtfliege und Schwarze Kirschenlaus

Vermehrung und Anzucht: Die Wildform wird durch Samen, die stratifiziert werden müssen, vermehrt.

Sorten und Auslesen: Die Vogelkirsche wird als Wildgehölz verwendet. Es sind keine Frucht-Auslesen bekannt. Aber sie ist die Stammform der Süßkirsche.

Zweigdetail mit Früchten des Weingarten-Pfirsichs

Weingartenpfirsich

Prunus persica (*Rosaceae,* Rosengewächse)

Pflanzenmerkmale und Verbreitung: Der Weingartenpfirsich ist eine Pfirsichart, die durch Samen vermehrt wird und in zahlreichen Lokalsorten vorkommt. Er wächst zu einem kleinen Baum heran. Aussehen und Blüten wie bei den Pfirsichsorten.

Eignung: Als Fruchtbaum im Weinbauklima, lässt sich auch ohne Schnitt kultivieren, bringt dann allerdings wesentlich kleinere Früchte und tendiert dazu, frühzeitig zu vergreisen.

Frucht: Sehr gut schmeckende, aromatische Pfirsiche unterschiedlicher Größe und unterschiedlicher Ausfärbung von gelbrötlich bis grün-rot. Sehr intensiver Pfirsichgeschmack.

Weingartenpfirsiche

Verwertung: Die Früchte können roh verzehrt werden, außergewöhnlich intensiver Geschmack. Es wird auch Marmelade, Gelee, Mischfruchtmarmelade und Branntwein daraus bereitet.

Standortansprüche und Pflege: Benötigt geschützte Lagen und einen guten, durchlässigen Boden.

Krankheiten und Schädlinge: Robust gegenüber der Kräuselkrankheit, dem Mehltau, dem Winter- und dem Blütenfrost.

Vermehrung und Anzucht: Vermehrung durch Samen, die stratifiziert werden müssen.

Sorten und Auslesen:
Steirischer Weingartenpfirsich: eine neue Pfirsichsorte aus dem Hügelland der Weinregion Südweststeiermark. Die Frucht ist mittelgroß mit rot und gelb gefärbter Haut, leicht behaart und hat ein helles saftiges Fruchtfleisch, welches vom Kern her stark rot eingefärbt ist. Sie hat einen sehr intensiven Pfirsichgeschmack mit leichtem Mandelton. Die Früchte reifen Anfang September.
Poysdorfer Weingartenpfirsich: Eine Selektion aus Weingartenpfirsichen mit dem typischen Wildpfirsichgeschmack, reift Mitte bis Ende September. Die Frucht ist groß und geschmacklich sehr gut. Die Schale ist grün-rot gefärbt und für einen Weingartenpfirsich nur wenig behaart.

Der Weiße Maulbeerbaum (Morus alba) in der Kulturlandschaft – hier als Straßenbaum

Weiße Maulbeere

Morus alba (*Moraceae*, Maulbeergewächse)

Pflanzenmerkmale und Verbreitung: Der Weiße Maulbeerbaum ist in Ostasien (China bis Korea) beheimatet und dort vermutlich schon seit 4.500 Jahren in Kultur. Seit etwa 550 n. Chr. in Griechenland und etwa ab dem 12. Jahrhundert in Sizilien, ab etwa 1700 auch in Mitteleuropa (Seidenraupenzucht) angebaut.

Es handelt sich hier um einen mittelgroßen Baum von 8–10 (–15) m Wuchshöhe und 4–6 m Kronendurchmesser.

Seine Krone ist rundlich und oft sparrig verzweigt. Oft wächst er auch mehrstämmig oder gar nur strauchförmig. Seine wechselständig angeordneten Blätter sind 8–20 cm lang, ungeteilt und/oder gelappt, die Blattränder sind gesägt oder gezähnt. Die ein- bis zweihäusige milchsaftführende Pflanze trägt im Mai unscheinbare Blüten in hängenden Kätzchen.

Eignung: Als Fruchtbaum für größere Gärten im Weinbauklima, aber auch als Straßenbaum und für höhere, freiwachsende Hecken. Bevorzugt warme, kalkhaltige Böden in vollsonnigen Lagen.

Im Mittelmeergebiet (Türkei und Griechenland) kann man oft beobachten, wie die Früchte des Weißen Maulbeerbaumes entlang der Straße oder auf Dächern getrocknet werden

Frucht: Maulbeerbäume sind im Allgemeinen sehr fruchtbar. Bei den Früchten handelt es sich um brombeerartige Scheinbeeren (Sammelnussfrucht), die einzelnen Früchte können auch samenlos sein. Sie werden bis zu 2,5 cm lang, sind gestielt und meist weiß bis schwach rötlich – die Fruchtfarbe kann aber auch dunkelrot oder schwarz sein. Sie schmecken süß, aber etwas fade, ohne besonderen Geschmack, reifen ab Ende Juni bis Juli und fallen dann in großen Mengen von den Bäumen. Zum Einsammeln der Früchte kann man Netze oder feinmaschige Tücher unterlegen.

Die Maulbeerfrüchte enthalten neben Carotin auch Zucker (bis 7 %), Fruchtsäuren, Mineralstoffe, Pektin und Vitamin C, die Samen enthalten Öl und Eiweiß.

Verwertung: Die Früchte der Weißen Maulbeerbäume sind zwar in rohem Zustand genießbar, sie schmecken auch süß, aber fade. Durch Einkochen oder Trocknen lassen sie sich konservieren. Getrocknet schmecken Weiße Maulbeeren ähnlich wie Rosinen. Das Laub der Weißen Maulbeere wird für die Seidenraupenzucht verwendet.

Standortansprüche und Pflege: Der Weiße Maulbeerbaum ist anpassungsfähig, bevorzugt werden aber vollsonnige Lagen in wärmeren Regionen und eher kalkhaltige, nicht zu schwere Böden. Er eignet sich auch als geschnittene Hecke recht gut und ist insbesondere für Gebiete mit mildem Weinbauklima gut geeignet.

Krankheiten und Schädlinge: Kaum bekannt.

Vermehrung und Anzucht: Vermehrung der Art durch Samen möglich, die Sorten werden vegetativ durch Veredelung (Kopulation oder Geißfuß im Winter) vermehrt.

Weiße und schwarze Früchte des Weißen Maulbeerbaumes

Sorten und Auslesen: Von der Weißen Maulbeere werden nur wenige Auslesen angeboten, allerdings haben diese bei uns wenig Bedeutung.
Constantinopolitana (Türkische Weiße Maulbeere): Stark und gedrungen wachsende Sorte mit großen, eiförmigen Blättern, Früchte bis 5 cm lang, erst gelblich, bei Vollreife dunkel- bis schwarzrot.
Multicaulis (Strauchartige Weiße Maulbeere): Eine alte chinesische Kultursorte, gelangte 1820 nach Europa. Starkwüchsiger, mehrstämmiger Strauch von 5–6 m Wuchshöhe. Große Blätter (8–25 cm), blasig, nicht glänzend, etwas rau, Früchte bis 4 cm lang, zur Reifezeit von Weiß über Rot bis Schwarz übergehend.

Daneben gibt es noch zahlreiche Zierformen wie die kaum fruchtende Hängeform ***Pendula,*** die säulenförmig wachsende ***Pyramidalis, Laciniata*** mit geschlitzten Blättern, ***Macrophylla*** mit sehr großen, gelappten Blättern und die kugelförmig wachsende, meist hochstämmig veredelte ***Nana***.

Weitere Arten

Schwarze Maulbeere *(Morus nigra)*

Als weitere Art ist noch die Schwarze Maulbeere (*Morus nigra*) zu nennen. Sie stammt aus Westasien und ist in Kleinasien und Südeuropa sowie in Amerika eingebürgert. Sie benötigt wärmere Standorte als die Weiße Maulbeere, wächst etwa zu einem 10 m hohen Baum heran, hat behaarte Triebe und breite eiförmige Blätter bis zu 20 cm Länge. Die Blätter sind auf der Oberseite rau behaart.

Schwarze Maulbeerbäume sind ausschließlich in begünstigten Lagen im Weinbauklima ausreichend frosthart. Die 1–3 cm langen Früchte von purpurner bis schwarzvioletter Farbe reifen folgernd von Mitte Juli bis Ende September. Im Gegensatz zur Weißen Maulbeere schmecken die Früchte der Schwarzen Maulbeere angenehm würzig süß-säuerlich und sehr saftig. Die Früchte sind stark färbend. Sie werden roh oder getrocknet gegessen, aber auch zu Marmelade, Gelee oder Wein verarbeitet.

Schwarze Früchte des Weißen Maulbeerbaumes

Es gibt in Mittelasien regionale Auslesen mit Fruchtgrößen bis zu 6 cm Länge und 3 cm Breite ***(Black Persian, Black Tabor, Wellington)***. Auch am Institut für Obstzüchtung in Bojnice (Slowakische Republik) wurden einige *Morus-nigra*-Sorten ***(Bo 11*** und ***Bo 12)*** ausgelesen.

Die Wildbirne (*Pyrus pyraster*) in blühendem Zustand in der Kulturlandschaft

Wildbirne

Pyrus pyraster (*Rosaceae*, Rosengewächse)
Weitere Namen: Holzbirne, Saubirne

Pflanzenmerkmale und Verbreitung: Die Wildbirne ist von Westeuropa bis zum Kaukasus beheimatet. Sie wächst oft nur strauchig, kann aber zu einem kleinen bis mittelgroßen Baum mit einer breit-pyramidalen Krone heranwachsen.

Sie hat Triebe teils mit verdornten Kurztrieben, die Borke ist grau, kleinschuppig, und die Blätter sind rundlich bis eiförmig, glänzend, mit gelblicher bis orangeroter Herbstfärbung. Bereits im April, meist vor dem Laubaustrieb, erscheinen die weißen Blütentrauben (Doldentrauben), die etwas unangenehm riechen (Trimethylamin).

Eignung: Nur für große, naturnahe Gärten als Fruchtgehölz interessant, da zwecks Fruchtgewinnung zahlreiche Birnensorten als Obstsorten im Handel sind. Für hohe Abpflanzungen, sonnige Böschungen, Angrenzungen zur freien Landschaft geeignet, anpassungsfähig. Sie ist ein ökologisch wertvolles Gehölz, eine Bienenweide und ein Vogelschutzgehölz.

Detail der Wildbirne mit beblätterten Zweigen (*Pyrus pyraster*)

Frucht: Bis 3 cm groß, kugelig bis birnenförmig, meist graugrün bis bräunlich punktiert oder gefleckt, mit herbem, adstringierendem Geschmack und zahlreichen Steinzellennestern. Die Früchte enthalten Kohlenhydrate, Mineral- und Gerbstoffe, Pektin sowie geringe Konzentrationen an Fruchtsäure und Vitaminen und haben einen hohen Rohfasergehalt.

Verwertung: Die Früchte können zur Saft- und Marmeladeherstellung verwendet werden, aber auch zur Bereitung von Obst- und Branntwein. Darüber hinaus sind sie eher für medizinale bzw. therapeutische Zwecke (Diureticum = zum Entwässern) geeignet.

Standortansprüche und Pflege: Die Wildbirne ist anpassungsfähig, meidet eher nasse Standorte, ist hitzeverträglich und etwas spätfrostempfindlich.

Krankheiten und Schädlinge: Wie Obstsorten.

Vermehrung und Anzucht: Durch Aussaat, Saatgut stratifizieren.

Sorten und Auslesen: Keine bekannt.

Weitere Arten

Weidenblättrige Birne *(Pyrus salicifolia)*

Ist zumeist nur als Zierform *(P. salicifolia* **Pendula***)* in Gärten und Parks anzutreffen. 2–3 m hoher und ebenso breitwachsender Strauch mit grausilbrigem, breitlanzettlichem Laub. Die Früchte sind 2–3 cm lang, grün, hart mit herbem Geschmack.

Hagebuttenbirne

x Sorbopyrus auricularis (*Rosaceae,* Rosengewächse)

Weitere Namen: Bollweilers Birnbaum, Hainbuttenbirne

Bei dieser Art handelt es sich um eine Hybride zwischen der Mehlbeere *(S. aria)* und der Birne *(Pyrus communis)*, die erstmals im 16. Jahrhundert im Elsass gefunden und von Baron Bollweiler beschrieben wurde. Von dort aus wurde diese Art dann als Obst- und Ziergehölz verbreitet. Heute ist sie nur mehr selten zu finden, auch diesbezügliche Literatur gibt es nur mehr in alten Werken.

x Sorbopyros auricularis Detail mit Früchten

Der Hagebuttenbirnbaum ist ein kleiner Baum von etwa 5–6 (–15) m Wuchshöhe. Die Blätter sind langgestielt, ähnlich jenen der Mehlbeere, doch etwas schmäler, zugespitzt, etwa 7,5 cm lang und 3,5 cm breit. Im Austrieb sind sie beiderseits graufilzig, später bleiben nur die Unterseiten filzig behaart, oberseits werden sie glatt. Ihre Herbstfärbung ist bemerkenswert, sie leuchten in kräftigen gelb-orange-roten Farbtönen.

Die Blüten sind relativ groß, weiß mit auffällig roten Staubblättern, Kelch und Blütenstiel sind filzig behaart. Die Früchte sind langgestielt, leicht birnenförmig, erst grünlich, dann goldgelb und sonnseits gerötet. Sie sind essbar, der Geschmack erinnert ein wenig an überreife Mostbirnen.

Die Hagebuttenbirne ist heute sehr selten anzutreffen, gelegentlich wird sie als Parkbaum gepflanzt. Könnte als interessanter Hausbaum dienen, der Fruchtfall ist jedoch zu beachten. Sie stellt keine besonderen Ansprüche an Boden und Klima. Vermehrung durch Veredelung auf *Sorbus*-Arten (gute Ergebnisse mit *S. intermedia* als Unterlage) oder auf Birnensämlingen.

Die Hagebuttenbirne ist ein sehr seltener Baum mit mehlbeerähnlichen Blättern und leicht birnenförmigen essbaren Früchten

Eingriffeliger Weißdorn (Crataegus monogyna)

Große Sträucher bis kleine Bäume

Vertreter dieser Gruppe bieten sich sowohl als Sträucher als auch als kleinkronige Bäume besonders gut als Solitärgehölze und Blickfang in kleineren Vorgärten sowie für Terrassen an. Natürlich sollten Großsträucher auch in Sichtschutzpflanzungen, höheren freiwachsenden Hecken und als Strukturelemente im Garten nicht fehlen. Arten für sonnige und schattige, geschützte und exponierte Standorte finden sich in dieser Auswahl.

Büffelbeere

Shepherdia argentea (*Elaeagnaceae*, Ölweidengewächse)
Weiterer Name: Amerikanischer Silberbaum

Pflanzenmerkmale und Verbreitung: Stammt aus Nordamerika und Kanada. Der dem Sanddorn etwas ähnliche Großstrauch kann bis zu 6 m hoch werden, besitzt ein sparriges Astwerk und hat silbrig glänzende, bis 5 cm lange und sehr schmale Blätter. Die relativ unscheinbaren Blüten erscheinen zeitig im Frühjahr vor dem Laubaustrieb und sind deshalb etwas spätfrostgefährdet.

Eignung: Die Büffelbeere kann bei geeigneten Bodenverhältnissen ähnlich wie der Sanddorn als Gruppenstrauch oder für gemischte Hecken verwendet werden.

Fruchtender Zweig der Büffelbeere (*Shepherdia argentea*)

Frucht: Kleine, etwa ribiselgroße runde orange bis tiefrote Früchte, die sich einzeln oder gehäuft an seitlichen Kurztrieben entwickeln. Sie sind reich an Vitamin C (bis 225 mg/ 100 g) und Pektin und enthalten auch geringe Mengen von Saponin. Sie weisen ein angenehm säuerliches Aroma auf.

Verwertung: Wegen des leicht säuerlichen Geschmackes in geringen Mengen als Naschfrucht verwertbar. Es lassen sich auch Marmeladen und Gelees daraus herstellen, weiters eignen sich die Früchte als Zusatz zu Fruchtsaucen und Müsli.

Die Büffelbeere wurde bereits durch die Urbevölkerung genutzt, heute wird sie in den Präriestaaten in großem Umfang als Windschutzpflanzung zur Fruchtnutzung angepflanzt.

Standortansprüche und Pflege: Die Büffelbeere benötigt leichte, saure Bodenverhältnisse. Sie toleriert sogar etwas salzhaltige Standorte, verträgt Trockenheit und ist frosthart. Die Wurzeln leben in Symbiose mit stickstoffliefernden Strahlenpilzen (Actinomyceten).

Krankheiten und Schädlinge: Keine Angaben bekannt.

Vermehrung und Anzucht: Die Vermehrung kann durch Aussaat, Absenker oder Veredelung auf den nahe verwandten Sanddorn erfolgen, die wegen der Neigung des Sanddorns zur Ausläuferbildung jedoch problematisch ist.

Sorten und Auslesen: Keine Angaben vorhanden.

Doldige Ölweide

Elaeagnus umbellata (*Elaeagnaceae,* Ölweidengewächse)

Pflanzenmerkmale und Verbreitung: Die Doldige Ölweide stammt aus Japan, China und Korea, zahlreiche weitere Arten sind von Südeuropa über Asien und Nordamerika verbreitet. Der breit ausladende Strauch ist kaum bedornt, trägt elliptisch-längliche, sommergrüne Blätter, deren Rand gewellt ist und die unterseits silbrig (Schilferschuppen) und mit braunen Punkten versehen sind. Die weißlich gelblichen, intensiv duftenden Blüten erscheinen im Juni.

Eignung: Die Doldige Ölweide ist ein anspruchsloser Strauch für Abpflanzungen, Hecken, Böschungen in größeren Gärten oder auch für die Einzelstellung. Sonnige Standorte werden bevorzugt, auch lockere, sandige Böden sind geeignet. Wird teilweise auch als Straßenbegleitgrün verwendet. Die Früchte werden auch von Vögeln gerne verzehrt.

Detail der Doldigen Ölweide (Elaeagnus umbellata)

Frucht: Rundliche, etwa 5–7 mm große, dunkelrote, fleischige Steinfrucht, mit silbrigen Punkten beschülfert (das heißt mit „Sternhaaren“ besetzt), die Fruchtstiele sind bis zu 1 cm lang. Die Früchte reifen ab September und verbleiben bis November am Strauch.

An Inhaltsstoffen sind etwa 20 mg/100 g Vitamin C, bis 12 % Gesamtzucker und 1,5 % Fruchtsäure, daneben noch Eiweiß, Phosphor und Kalium sowie Öle enthalten.

Verwertung: Die bei uns noch wenig bekannte, etwas säuerlich schmeckende Frucht eignet sich für Mischfruchtmarmeladen und Liköre. Auch aus den Blüten lassen sich aromatische Liköre erzeugen.

Standortansprüche und Pflege: Stellt keine besonderen Bodenansprüche, auf lockerem, sandigem und mäßig feuchtem Boden entwickelt sie sich besonders gut. Die Ölweiden sind mit Stickstoff aus der Luft bindenden Strahlenpilzen (als kleine braune knöllchenartige Gebilde an den Wurzeln sichtbar) vergesellschaftet. Sie sind generell lichthungrige Gehölze. Schnittmaßnahmen sind nicht notwendig, eventuell das Entfernen abgestorbener Äste.

Prächtiger Strauch der Schmalblättrigen Ölweide (Elaeagnus angustifolia)

Krankheiten und Schädlinge: Keine bekannt.

Vermehrung und Anzucht: Die Ölweiden lassen sich durch Samen vermehren, besonders reich fruchtende Auslesen kann man durch Grünstecklinge oder Steckholz vermehren.

Sorten und Auslesen:

Serinus (Auslese der Baumschule Berlin-Baumschulenweg, 1992 in den Handel gebracht): Etwa 3 m hoher, sparrig ausladender Strauch mit reichem Fruchtbehang, dichtfruchtend, Einzelfrucht 5–7 mm, dunkelrot, Reife Mitte August bis Anfang September.

Turdus (Auslese der Baumschule Berlin-Baumschulenweg, 1992 in den Handel gebracht): 3–4 m hoch, Früchte etwas kleiner als bei Serinus; Reife spät, Ende September bis Oktober.

Detail der Schmalblättrigen Ölweide (Eleagnus angustifolia) mit Blättern, Früchten und den typischen Sprossdornen

Weitere Arten

Schmalblättrige Ölweide *(Elaeagnus angustifolia)*

Stammt aus West- bis Ostasien, ist in Mitteleuropa eingebürgert und stellenweise verwildert. Die Schmalblättrige Ölweide wächst zu einem 5–8 m hohen Strauch oder kleinen Baum heran, ist durch große Sprossdornen und durch schmale, unterseits silbrigschuppige Blätter leicht zu erkennen. Die stark nach Honig duftenden gelblichen Blüten erscheinen im Mai/Juni.

Die Früchte sind etwa 1 cm lang, eiförmig, gelbbraun und silbrig (beschülfert), das Fruchtfleisch mehlig und süß, die Früchte reifen im September/Oktober. Frischverzehr nur bedingt, Verarbeitungsprodukte. Wird wegen seiner Robustheit (verträgt trockene, heiße Standorte, Salz- und Luftbelastung) als Straßen und Autobahnbegleitgrün verwendet. Die Sorte ***Red King*** bildet bis zu 2,5 cm lange Früchte.

Vielblütige Ölweide, Essbare Ölweide *(Elaeagnus multiflora)*

Stammt aus Japan und China, wächst zu einem 1–3 (–5) m hohen sommergrünen, dornenlosen Strauch heran. Die breit-elliptischen Blätter sind an der Oberseite dunkelgrün, auf der Unterseite silbrig mit zahlreichen glänzenden braunen Schuppen. Weißlich gelbe, duftende Blüten zu 1–2 entwickeln sich in zahlreichen Büscheln im Mai.

Ihre Früchte reifen von Ende Juni bis August. Die etwa 1,5 cm großen, länglichen, dunkelrotbraunen Früchte sitzen an fadenförmigen, 2–3 cm langen Stielen. Sie sind saftig, schmecken angenehm herb-sauer bis süß und sind essbar. Sie werden für die Gewinnung von alkoholischen Getränken und als Konservenfrüchte verarbeitet.

Verwendung als Frucht- und Ziergehölz (Fruchtschmuck). Der Strauch selbst ist anspruchslos, bevorzugt schwach saure bis leicht alkalische Böden. Die ursprünglich aus der Ukraine stammende großfrüchtige Sorte ***Sweet Scarlet*** wurde in Kew Gardens, London, selektiert und ist in den USA im Handel. ***Red Cherry*** ist eine weitere in Kultur befindliche Sorte. Die Pflanzen benötigen einen vollsonnigen Standort.

Die Früchte der Essbaren Ölweide sind dunkelrotbraun gefärbt.

Felsenbirne, Korinthenstrauch

Amelanchier-Arten (*Rosaceae,* Rosengewächse)

Pflanzenmerkmale und Verbreitung: Die meisten der etwa 25 Arten sind in Nordamerika beheimatet, zwei Arten in Europa bis Kleinasien und eine Art in Asien.

Felsenbirnen sind sommergrüne Sträucher bis kleine, mehrstämmige Bäume mit bis zu 10 m Wuchshöhe. Die ovalen Blätter, sie werden je nach Art (3–) 5–8 (–10) cm lang, sind im Austrieb bronzefarben oder weißfilzig, prächtig Gelb/Orange bis Rot ist deren Herbstfärbung. Auffallende Blüten in weißen Blütentrauben im April/Mai und werden durch Insekten bestäubt.

Unreife rote Früchte der Kupfer-Felsenbirne (Amelanchier lamarckii), diese verfärben sich im reifen Zustand blauschwarz

Eignung: Felsenbirnen eignen sich wegen der Zierwirkung durch alle Jahreszeiten hindurch recht gut als Solitärgehölze für den Hausgarten, aber auch für Gruppen, Hecken und sogar als „Kübelpflanzen" (Gemeine Felsenbirne) kann man sie verwenden. Sie bevorzugen sonnige Standorte, gedeihen aber ebenfalls im Halbschatten, blühen und fruchten dann jedoch entsprechend weniger. Man kann sie in allen Klimalagen, also auch in kälteren Regionen, noch gut ziehen.

Frucht: Die Früchte sind etwa erbsengroße, anfangs rote, im reifen Zustand blauschwarze bis dunkelpurpurne Sammelscheinfrüchte (beerenartige Kernäpfel) mit bläulichem Wachsbelag. Die Reifezeit ist im Juni/Juli. Sie schmecken süß und sind saftig. Sie enthalten Zucker, Gerbstoffe und Leucoanthocyane. Da die Früchte sehr gerne auch von Vögeln verzehrt werden, sollte man sie rechtzeitig ernten.

Früchte der Gemeinen Felsenbirne

Verwertung: Felsenbirnen sind – direkt vom Strauch gepflückt – gute „Naschfrüchte" für den Rohgenuss. Es lässt sich aber auch Saft, Mus, Wein oder Marmelade (besonders für Mischfruchtmarmelade zur Verbesserung der Farbintensität, Eigengeschmack der Felsenbirnen nicht sehr intensiv) daraus bereiten, getrocknet werden sie als „Korinthen" verwendet (Korinthenstrauch). Man kann sie auch tieffrieren.

Detail der Gemeinen Felsenbirne

Standortansprüche und Pflege: Felsenbirnen gedeihen auf normalen, leicht sauren bis leicht kalkhaltigen Gartenböden mit mäßiger Bodenfeuchte. Auch trockene Böden werden toleriert.

Der Standort sollte, will man einen guten Fruchtertrag erzielen, eher vollsonnig sein. Die anspruchslosen Sträucher sind durchwegs sehr frosthart, also auch in kälteren Regionen zu empfehlen. Schnittmaßnahmen erübrigen sich, da die Sträucher sehr locker und malerisch wachsen.

Detail der Gemeinen Felsenbirne (Amelanchier ovalis) mit Blättern und Früchten

Krankheiten und Schädlinge: Im Großen und Ganzen werden Felsenbirnen kaum von Krankheiten und Schädlingen befallen. Als Vertreter der Rosengewächse zählen sie jedoch zu den Feuerbrand-Wirtspflanzen.

Vermehrung und Anzucht: Felsenbirnen lassen sich leicht durch Samen vermehren. Dazu sind die Früchte vor der Vollreife zu sammeln, und danach kurz anrotten lassen und auswaschen, stratifizieren und ab Februar aussäen. Sie lassen sich auch leicht durch Grünstecklinge vermehren.

Eine Teilung der Mutterpflanzen und die Absenker-Vermehrung sind möglich. Sorten müssen vegetativ vermehrt werden, z. B. durch Grünstecklinge oder durch Veredelung. Augenveredelungen im Sommer (Okulation) auf Weißdorn, Eberesche und Mehlbeere sind möglich.

Felsenbirne, Gemeine Felsenbirne

Amelanchier ovalis (syn.: *A. vulgaris, A. rotundifolia*)
Weitere Namen: Fluhbirne, Steinbirne, Herrgottsbirli, Klingelbeere, Gamsbeere, Edelweißstrauch

Hat ihre Heimat von Europa bis Nordafrika und Kleinasien und wächst vom Flachland bis in 2.000 m Höhe in den Alpen. Die heimische Felsenbirne wächst oft auf trockenen, kalkhaltigen Standorten, kommt also auch mit extremeren Standorten noch gut zurecht.

Der locker breit-aufrechte Strauch wird etwa 2–3 m hoch und ebenso breit, zeichnet sich durch weißfilzigen Blattaustrieb aus und blüht meist später (Anfang Mai) als dessen amerikanische Verwandte. Auf kalkärmeren Böden ist die Ausfärbung orangerot, auf stark kalkhaltigen dagegen leuchtend gelb. Wegen der geringen Wuchsgröße besonders für kleine Vorgärten interessant. Auch für Pflanzkübel geeignet.

Blühende Gemeine Felsenbirne (Amelanchier ovalis) als Solitärstrauch

Kupfer-Felsenbirne

Amelanchier lamarckii
Weitere Namen: Kanadische Felsenbirne, Korinthenstrauch

Die Kupfer-Felsenbirne ist die bekannteste innerhalb der Felsenbirnen, ihre Heimat sind die Laubmischwälder Nordamerikas. Sie wird dort als „juneberry“ bezeichnet. Der etwa 5–6 m hohe, locker breit-aufrecht wachsende Strauch zeichnet sich durch seinen kupfrigroten Austrieb und seine überreiche Blütenfülle mit weißen, aufrechten bis nickenden Blütenrispen im April aus. Im Herbst sind die Sträucher gelbrot bis leuchtendrot verfärbt.

Die anfangs roten, zur Reife violettroten bis dunkelpurpurnen, bereiften Früchte von etwa 10 mm Größe schmecken süß und saftig und reifen ab Ende Juni bis Juli.

Dieser robuste, gut winterharte Strauch ist nicht nur als Solitärgehölz im Garten, sondern auch als Gruppen- und Heckenstrauch interessant und wird sogar als Straßenbegleitgrün verwendet. Auch für Pflanzkübel geeignet. Bei stark kalkhaltigen Böden in Kombination mit Trockenheit kann es zu Chlorose-Erscheinungen und Wachstumsdepressionen kommen.

Austrieb und Blüte der Kupfer-Felsenbirne (Amelanchier lamarckii)

Kahle Felsenbirne

Amelanchier laevis

Stammt ebenfalls aus Nordamerika, bildet ähnlich wie *A. lamarckii* vielstämmige, lockere Großsträucher bis etwa 6–8 m Höhe. Im Gegensatz zu *A. lamarckii* verkahlen bei dieser Art im Sommer die Blätter, die vielblütigen Blütenrispen sind locker überhängend. Prächtige orange bis rote Herbstfärbung. Ansprüche wie *A. lamarckii*.

Unreife Früchte der (Kupfer-)Felsenbirne 'Ballerina'

Sorten und Auslesen:

A. 'Ballerina': Eine in Boskoop ausgelesene Sorte, deren Zugehörigkeit nicht eindeutig geklärt ist (möglicherweise eine Hybride). Reich fruchtende Sorte mit anfangs roten, später dunkelviolettblauen, besonders wohlschmeckenden Früchten; Fruchtreife Anfang Juli.

Ähren-Felsenbirne

Amelanchier spicata

Diese aus Nordamerika stammende Felsenbirne wird auch bei uns oft als *A. ovalis* angeboten. Sie wächst ebenfalls strauchförmig, unterscheidet sich aber durch den straff-aufrechten Wuchs von 3–4 m Höhe, auf-

Detail der Ähren-Felsenbirne (Amelanchier spicata) mit Blättern und Früchten

recht stehende Blütentrauben und den etwas weniger weißfilzig behaarten Austrieb. Ihre Früchte sind ähnlich wie jene der heimischen Felsenbirne und ebenfalls gut verwertbar.

Erlenblättrige Felsenbirne

Amelanchier alnifolia

Ebenfalls aus Nordamerika stammend, wird dieser Ausläufer treibende Strauch bis etwa 5 m hoch. Er schmückt sich mit weißen, aufrechten Blütentrauben im Mai und bringt blauschwarze Früchte bis 15 mm Durchmesser, die süß und saftig schmecken. Die Erlenblättrige Felsenbirne benötigt schwach saure bis neutrale Böden.

Sorten und Auslesen: Mehrere Auslesen in Kanada, bei uns werden gelegentlich die Sorten ***Smoky*** und ***Pembina***, ***Honeywood*** und ***Thiessen*** genannt.

Insgesamt sind alle Felsenbirnen anspruchslose und anpassungsfähige sowie sehr attraktive Blütensträucher mit schöner Herbstfärbung und schmackhaften Früchten. Außerdem sind sie wertvolle Vogel- und Insektennährgehölze.

Detail des Feigenbaumes mit Blatt und Früchten (Ficus carica)

Feige

Ficus carica (Moraceae, Maulbeergewächse)

Pflanzenmerkmale und Verbreitung: Der Feigenbaum ist von Kleinasien bis Nordafrika heimisch und darüber hinaus seit mehreren Jahrtausenden im Mittelmeergebiet in Kultur. Schon zur Römerzeit waren in Italien etwa 30 Sorten bekannt. Später wurde die Feige auch nach Afrika und Amerika gebracht und wird dort heute noch kultiviert. Sie wurde auch nördlich der Alpen schon seit Langem von Liebhabern – meist natürlich mit entsprechendem Winterschutz – kultiviert.

Feigenbäume entwickeln sich in ihrer Heimat strauch- oder baumförmig und können dabei bis 10 m hoch wachsen. Meist werden sie auch in ihrer Heimat wesentlich niedriger gehalten, bei uns bleiben sie in der Regel nur strauchförmig und erreichen Wuchshöhen von 2–4 m.

Fruchtender Feigenstrauch (*Ficus carica*) im Garten

Ihre sommergrünen Blätter sind gelappt (3–5–9-lappig), dunkelgrün gefärbt, langgestielt und werden etwa 10–20 cm groß. Bis zu zweimal (in der Heimat bis zu dreimal) im Laufe eines Jahres entwickeln sich Blütenstände aus den Blattachseln.

Die kleinen Blüten sitzen in einem urnenförmig gestalteten fleischigen Blütenstand, der am oberen Ende mit einer kleinen Öffnung versehen ist. Der Befruchtungsvorgang (Caprifikation – Symbiose zwischen Feige und Gallwespe) ist interessant und sehr kompliziert, hierbei müssen die Blüten durch die Feigengallwespe bestäubt werden. Es gibt innerhalb der Feigen allerdings unterschiedliche Gruppen, darunter auch solche, deren Sorten ihre Früchte ohne Befruchtung entwickeln (Jungfernfrüchtigkeit, Parthenocarpie). Zu letzteren zählen die Sorten aus der Gruppe der so genannten „Adriatischen Feigen" (Gruppe der ***var. domestica***). Alle Pflanzenteile enthalten einen dickflüssigen, ätzenden Milchsaft.

Eignung: Feigensträucher oder -bäume können in sehr geschützten Lagen im Weinbauklima im Freien verwendet werden. Es bieten sich zum Beispiel lichte warme Innenhöfe, geschützte sonnige Südmauern, Spaliere an Hauswänden etc. an, oder man pflanzt sie in große Tröge, die jedoch nicht im Freien überwintert werden dürfen.

Frucht: Die einzelne Feige ist eigentlich eine Ansammlung von zahlreichen kleinen Nüsschen, die im Inneren der fleischig gewordenen Blütenachse sitzen. Es handelt sich hierbei um Scheinfrüchte, wobei der essbare Teil aus der fleischig gewordenen Blütenachse, die saftig und süß ist, besteht. Feigen sind je nach Sorte tropfen- oder birnenförmig, etwa 3–10 cm lang und 2,5–6,5 cm dick. Die Einzelfrucht kann zwischen 4,0 und 7,0 dkg wiegen.

Feige *'Contessina'*: Zweigdetail mit Früchten

Die Früchte können grün, gelblich über purpurrot und dunkelviolett bis fast schwarz gefärbt sein. Ihr Fruchtfleisch ist weißlich rosa bis rötlich, weich, saftig, angenehm süß und aromatisch schmeckend. Erträge bis 20 kg und mehr können erwartet werden. Die Früchte sitzen einzeln oder paarweise in den Blattachseln am einjährigen oder zweijährigen Holz. Es gibt zwar zwei- und dreimaltragende Sorten, nördlich der Alpen reifen jedoch nur Früchte der ersten Generation, die sich im Frühjahr aus den Blattachseln der einjährigen Triebe entwickeln.

An Inhaltsstoffen ist vor allem der hohe Gehalt an Kohlenhydraten (15,7 g/100 g) erwähnenswert, aber auch Eiweiß (1,3 g/100 g), Fett (0,5 g/100 g), Mineralstoffe in Mengen von 0,7 g/100 g – bezogen auf

Grüne, gelbliche und dunkelviolette Früchte

das Frischgewicht – sowie Vitamine sind enthalten. Reife Früchte enthalten keinen (ätzenden) Milchsaft! Unreife Feigen enthalten das Enzym Ficin sowie Lipasen und andere Stoffe, die bei manchen Menschen Allergien (Hautausschläge und Juckreiz) hervorrufen können.

Gut für die Verdauung!

Verwertung: Feigen sind für den Frischverzehr geeignet und sind vorzügliche Naschfrüchte, lassen sich jedoch nur für kurze Zeit lagern. Die Früchte weisen eine verdauungsfördernde Wirkung auf! Bei uns werden sie meist in getrocknetem Zustand angeboten. Zu diesem Zweck taucht man die Früchte kurzzeitig in 12 %iges, kochendes Salzwasser und lässt sie anschließend in der Sonne trocknen.

Für die Verarbeitung lässt man die Früchte vollreif, zum Trocknen überreif werden. Sie lassen sich in vielfacher Weise (ähnlich wie Mandeln oder Nüsse) zu Gebäck oder Feigenbrot verarbeiten, auch Marmelade, Kompott, Konfekt, kandierte Früchte, Pasten, Sirup, Likör, Feigen- und Branntwein sowie Essig werden daraus bereitet. Aus getrockneten Feigen wurde früher (heute nur mehr selten erhältlich) ein Kaffeezusatz („Feigen-Kaffee") hergestellt.

Nur im Weinbauklima + Winterschutz

Standortansprüche und Pflege: Der Feigenbaum findet im Mittelmeergebiet optimale Standortbedingungen vor. In unseren Breitengraden benötigt er sehr geschützte, sonnige und warme Standorte, wobei Wintertemperaturen von weniger als –15 °C das Holz zum Absterben bringen. Das bedeutet, seine Pflanzung beschränkt sich auf Gebiete mit Weinbauklima, sogar hier ist ein Winterschutz vorteilhaft. Wichtig ist eine Bodenabdeckung (mit einer 10–15 cm dicken Schicht) mit Laub oder Ähnlichem. Man kann die stärkeren Äste zusammenbinden und eventuell mit durchlässigen Materialien (Jute etc., jedoch kein Plastik!) schützen.

Was den Boden betrifft, ist die Feige nicht sehr wählerisch, er sollte tiefgründig und vor allem zur Zeit der Fruchtentwicklung einigermaßen feucht sein. Damit die Früchte ausreifen können, ist ein warmer und sonniger Herbst notwendig.

Günstige Pflanzzeit für Feigen ist das Frühjahr, da Jungpflanzen besonders frostempfindlich sind. Man sollte sie etwa 10 cm tiefer pflanzen. Man belässt am besten einen kurzen Stamm und etwa 3–4 Triebe, die ihrerseits wiederum im Frühjahr leicht eingekürzt werden. Dadurch wird die Bildung von kurzen Seitentrieben und damit auch die Blütenbildung an diesen gefördert. Auch zu starkwüchsige, abgetragene oder kranke Zweige werden entfernt.

Krankheiten und Schädlinge: In unseren Breiten werden Feigen kaum von Krankheiten und Schädlingen befallen. Mäuse können im Wurzelbereich Schäden anrichten, Vögel die Früchte anpicken oder Wespen an den süßen Früchten naschen. Gelegentlich können Blattläuse, Milben (Rote Spinne) und Schildläuse auftreten. Nach starken Winterfrösten sterben zwar die Triebe teilweise ab, die Pflanzen regenerieren sich jedoch in der Regel aus den Knospen der unteren Pflanzenteile wieder recht gut.

Vermehrung und Anzucht: Da ausschließlich Sorten für die Fruchtgewinnung interessant sind, kommt eine Vermehrung durch Aussaat ohnehin nicht in Frage. Am einfachsten erfolgt die vegetative Vermehrung durch Steckhölzer. Dazu schneidet man gegen Ende des Winters gut ausgereifte, verholzte Triebe vom Vorjahr (es bewurzeln sich auch zwei- und dreijährige Triebe). Die Steckhölzer sollten etwa 25–30 cm lang und maximal 1,5 cm dick sein. Auch durch Ableger kann man einfach und schnell zu neuen Pflanzen kommen. Eine Veredelung ist zwar möglich, wird aber nur dort zur Anwendung gelangen, wo man Pflanzen zur Gewinnung besserer Sorten umveredeln möchte.

Leicht zu vermehren durch Steckholz

Sorten und Auslesen:

Brown Turkey: Ist die bekannteste Sorte für den Hausgarten. Sie ist groß, birnenförmig, die Fruchtfarbe ist purpurn, ihr Fruchtfleisch dunkel gefärbt.

Violetta: Bayernfeige, reich fruchtend, dünnschalig, angenehmer Geschmack, ansprechende Ausfärbung (gelblich grün bis rötlich, nach anderen Angaben lilafarben), bis –20 °C winterhart (!), geschützte Sorte.

Contessina: Kräftiger Wuchs, hoher Ertrag, sehr große, dunkelviolette Früchte, Fruchtgröße 7,2 x 5,2 cm, Fruchtgewicht bis 7,0 dag, mit süßem, würzigem Aroma. Reifezeit August (und Anfang Oktober), Erträge von 5 kg und mehr sind möglich. Die Pflanze ist bis zu –15 °C winterhart.

Nordland-Bergfeige: Kompakter Wuchs, rotviolette, süße Früchte, Reifezeit August (und Oktober), bis –5 °C winterhart.

Califfo Blue: Mittlere bis große blauviolette Früchte, rotes Fruchtfleisch, früh reifend und produktiv über längere Zeit. Auch für kühlere Standorte geeignet, mittelstarkes Wachstum

Mère Véronique: Sehr große, süße und saftige gelbgrüne Früchte, die sich auch golden färben können, Fleisch lachsrosa; früh reifend, kann auch zweimal tragen, buschig wachsend.

Morena: Birnenförmige, große Früchte, die grün/violett gefärbt sind, süße Früchte, ab Ende August reifend, fortwährender Ertrag, buschig, wird nicht zu groß, windgeschützt pflanzen.

Perretta: Sehr große, birnenförmige Früchte, lockeres hellrotes Fruchtfleisch, früh reifend ab August, buschiger, starker Wuchs, Winterschutz über die ersten 2–3 Jahre.

Rosetta: Große Früchte, die sich grüngelb, später aber auch ganz rot färben, sehr produktiv, früh reifend, mittelstarkes Wachstum, auch für kühlere Standorte geeignet.
Rossa Rotonda: Honigsüße, rote bis dunkelblaue runde Früchte von mittlerer Größe, zum Trocknen geeignet, trägt wenig Früchte am letztjährigen Holz, aber sehr früh reifende Herbstfeigen am frisch gewachsenen Holz. Kräftiger, buschiger Wuchs, benötigt im Sommer viel Sonne und Wärme, damit die Feigen am frisch gewachsenen Holz reif werden, eher für sehr gut Standorte geeignet, z. B. Weinklima.
Goldfeige: Fruchtfeige mit sehr großen, goldgelben, honigsüßen Früchten. Frosthart.
Brunswick: Frucht länglich-pyramidal, Haut grünlich, im reifen Zustand purpurn, sehr großfrüchtig.
White Marseilles: Gelbgrüne Früchte und ebensolches Fruchtfleisch.
Bulbon: Früchte rot und länglich, rotes Fruchtfleisch.
Kennedy: Sehr große, gelbgrüne Früchte, früh reifend.
Osborn Prolific: Frucht braunrot, innen goldgelb.
Rouge de Bordeaux: Frucht rotviolett und rotfleischig.

Haselnuss

Haselnusssträucher sind Großsträucher und benötigen viel Platz

Corylus avellana (*Betulaceae,* Birkengewächse)
Weitere Namen: Haselstrauch, Nussstrauch

Pflanzenmerkmale und Verbreitung: Die Hasel ist eine Gehölzart, welche von Europa bis Westasien verbreitet ist. Sie kommt vom Tiefland bis in Höhenlagen von 1.400 m vor. Sie wächst in Laubmischwäldern im Unterwuchs, an Waldrändern sowie in Hecken und Böschungen. Die Hasel ist ein Großstrauch von 3–5 (–7) m Wuchshöhe und breit-aufrechter Wuchsform und kann sich im Alter breit ausladend entwickeln.

Die Blüten sind getrenntgeschlechtlich einhäusig, was bedeutet, dass sowohl die männlichen, in auffälligen gelben Kätzchen angeordneten als auch die roten weiblichen, unscheinbar in Knospen verpackten Blüten sich an ein und demselben Strauch befinden. Sie blühen im März/April und werden vom Wind bestäubt. Charakteristisch sind auch die wechselständig angeordneten, großen, rundlichen, weichhaarigen Blätter.

Eignung: Die Hasel ist ein wichtiges heimisches Gehölz für hohe Hecken, Abpflanzungen, Böschungen, als Unterpflanzung unter großen Bäumen, in Gruppen und als Einzelstrauch. Lässt sich auch gut „auf den Stock setzen" bzw. gut mit Stauden unterpflanzen.

Haselsträucher sind Vogelnist- und Nährgehölze. Die Früchte werden von vielen Vögeln und Kleinsäugern gefressen, die Blätter dienen als Futter für zahlreiche Insekten und Schmetterlinge, und die Bienen sammeln den Pollen.

Der Haselnussstrauch ist ein ökologisch sehr wertvolles Gehölz

Frucht: Die Nussfrüchte sitzen zu 1–4 in zerschlitzten Becherhüllen. Es sind etwa 1,5–2,5 cm große, kugelige bis länglich-ovale, braune, essbare Nüsse mit einer harten Schale, die ab September reifen. Der essbare Kern (Kernanteil etwa 40 %) ist kugeligrund, von einer bräunlichen Haut umschlossen, hartfleischig und wohlschmeckend.

Haselnüsse sind nahrhaft und kalorienreich, der Fettanteil liegt bei etwa 60 %, Eiweiß (ca. 14 %), aber auch wertvolle Mineralstoffe (Kalium, Calcium, Phosphor und Eisen) sowie Vitamine sind enthalten.

Detail mit Blättern und Früchten der Gemeinen Haselnuss (Corylus avellana)

Verwertung: Haselnüsse finden vielseitig Verwendung: Man kann sie roh essen, geröstet zum Knabbern oder pastenförmig als Brotaufstrich. Natürlich werden Haselnüsse in der Schokoladeproduktion verwendet, weiters zum Backen, aber auch Speiseöl wird daraus gewonnen.

In der Kosmetikherstellung werden sie wegen ihrer Eigenschaft, aromatische Essenzen zu binden und zu konservieren, verwendet. Haselnüsse wirken auch blutstillend, gefäßverengend und adstringierend. Das Holz der Haselnusssträucher wird in der Korbflechterei, Fassbinderei und zur Herstellung von Werkzeugstielen verwendet.

Früchte der rotblättrigen Lambertsnuss (Corylus maxima)

Standortansprüche und Pflege: Die Hasel ist ein sehr gut frosthartes Gehölz mit hohem Ausschlagvermögen. Der Standort kann mäßig trocken bis feucht und schwach sauer bis alkalisch sein. Es werden alle Bodenarten, abgesehen von nährstoffarmen Sandböden, toleriert. Die Wurzeln sind salzempfindlich und auch empfindlich gegen Bodenverdichtung.

Krankheiten und Schädlinge: Der wichtigste Schädling ist sicherlich der Haselnussbohrer. Unter Umständen kann an jungen Früchten im Juni auch Grauschimmel auftreten. Abgesehen davon wird es im Hausgarten kaum zu nennenswerten Problemen kommen.

Baumhasel mit Fruchthülle

Vermehrung und Anzucht: Die einfachste Vermehrungsmethode erfolgt durch Aussaat. Dazu sollten die Früchte kurz vor der Vollreife geerntet und sofort ausgesät werden. Benötigt man nur wenige Pflanzen, so kann man diese durch das Abnehmen von Wurzelausläufern gewinnen, ebenso durch Absenken und Anhäufeln bzw. Abrisse. Letztgenannte Methoden dienen auch zur Vermehrung der Fruchtsorten und rotblättriger Formen von *C. avellana* und *C. maxima*.

Eine Vermehrung durch Stecklinge sowie Steckholzvermehrung ist nur unter besonderen Bedingungen in Fachbetrieben möglich. Fruchtsorten können aber auch durch Veredelung (Kopulation und Geißfuß im Winter im Glashaus) auf *C. avellana* bzw. auf *C. colurna* (Baumhasel) vermehrt werden. Bei der Veredelung auf Sämlinge der Baumhasel entfällt der lästige Durchtrieb der Unterlage. Haselnusssträucher wachsen in den ersten Jahren nur sehr langsam.

Sorten und Auslesen: Es gibt zahlreiche vegetativ vermehrte Fruchtsorten, die allerdings als Obstgehölze im engeren Sinne gehandelt werden. Um einen guten Fruchtertrag zu erzielen, sollten immer mehrere unterschiedliche Sorten gepflanzt werden. Unter anderem sind das:
Bergers Zellernuss, länglich, groß, bis 2,5 cm;
Ennis, sehr groß, rundlich, 3 cm;
Frühe Nottingham, rundlich, 2 cm;
Hallesche Riesennuss, rund, kugelig, 2,2 cm;
Wunder aus Bollweiler, rund, kugelig, 2,5 cm, Bestäubersorte für Ennis;
Webb's Preisnuss, länglich-oval, 3 cm;
Rotblättrige Zellernuss, kugelig, 1,8 cm, auch wertvolle Ziersorte mit dunkelroten Blättern.
Sie unterscheiden sich vor allem durch die Fruchtgröße (2–4 cm), den Zeitpunkt der Fruchtreife und den Ertrag.

Detail mit Blättern und Früchten der Rotlaubigen Lambertsnuss oder Blut-Haselnuss (Corylus maxima 'Purpurea')

Weitere Arten

Lambertsnuss *(Corylus maxima)*

Ist der östliche Vertreter der heimischen Haselnuss, unterscheidet sich vor allem hinsichtlich der Früchte: die 2–4 cm großen Nüsse werden von einer langen, röhrigen Fruchthülle umgeben und sind natürlich essbar. Erwerbsmäßiger Anbau vor allem in der Türkei an der Schwarzmeerküste. Auch die Früchte der rotlaubigen Sorte ***Purpurea*** (Bluthasel) sind essbar.

Die rundlichen Früchte der Baumhasel sind etwas kleiner als jene der Kulturhaselnuss

Baumhasel oder Türkische Hasel *(Corylus colurna)*

Ist von Südosteuropa über Kleinasien und den Kaukasus bis zum Himalaja verbreitet. Der sommergrüne, trockenheitsresistente, bis 20 m hohe Baum wird vorwiegend als Parkbaum, gelegentlich als Straßenbaum und als Unterlage für Fruchtsorten der Haselnuss verwendet. Die Nüsse der Baumhasel sind von einer tief zerschlitzten, drüsigen Hülle umgeben und ebenfalls essbar.

Kirschpflaume

Prächtiger, blühender Baum der Kirschpflaume (Prunus cerasifera)

Prunus cerasifera (*Rosaceae,* Rosengewächse)
Weitere Namen: Türkische Pflaume, Myrobalane, Kriecheln, Kriecherl

Pflanzenmerkmale und Verbreitung: Die Heimat der Kirschpflaume reicht von Südwestsibirien über Zentralasien, den Kaukasus bis nach Kleinasien. Sie wurde vor mehr als 2.000 Jahren bereits nach Griechenland und Italien eingeführt, seit dem 16. Jahrhundert ist sie auch in Mitteleuropa eingebürgert.

Es sind sommergrüne, manchmal bedornte Großsträucher oder kleinere Bäume von bis zu 8 m Höhe. Die wechselständigen Blätter sind elliptisch bis eiförmig und werden 5–8 cm groß. Die 2–2,5 cm lang gestielten Blüten entstehen an den Kurztrieben vorjähriger Langtriebe sehr zeitig im Frühjahr vor oder – seltener – mit den ersten Blättern (Ende März bis April). Es sind kleine, weiße (oder rosa), meist einzeln stehende selbstunfruchtbare Blüten.

Die Kirschpflaume wird bereits seit mehr als 2.000 Jahren kultiviert

Eignung: Die Kirschpflaume ist ein reich blühender, starkwüchsiger Großstrauch für hohe Abpflanzungen oder Hecken beziehungsweise als schöner kleinkroniger Solitärbaum für den Hausgarten interessant. Sie ist sehr anspruchslos und kommt mit allen Boden- und Klimabedingungen zurecht. Vogelschutz- und Windschutzgehölz.

Frucht: Die rundlichen Früchte können 2,5 cm, bei Selektionen auch 3–5 cm groß werden und sind gelb, mit Übergängen ins Braun- bis Dunkelviolette, manchmal sind sie auch rötlich gefärbt. Sie reifen im August/September, sind durchaus wohlschmeckend, saftig und zumeist süß. Es gibt aber auch Typen mit weniger wohlschmeckenden Früchten. Die Pflanzen sind oft sehr reich fruchtend.

Über Inhaltsstoffe ist wenig bekannt, ein ausgewogenes Zucker-Säure-Verhältnis verleiht den Früchten eine angenehme Geschmacksnote.

Zweigdetail mit gelben Früchten

Verwertung: Die Früchte können roh gegessen werden, zumeist werden sie jedoch verarbeitet: ein gut schmeckendes Kompott, Gelee, Saft, Marmelade und Branntwein können daraus bereitet werden. Im Kaukasus wird aus unreifen und reifen Früchten „Tkemali" bereitet (dies ist eine Art Chutney), das zu verschiedenen Fleischspeisen serviert wird.

Nicht für schwere, nasse Böden!

Standortansprüche und Pflege: Es werden kalkhaltige, leichtere und trockenere Böden in spätfrostgeschützten Lagen bevorzugt, staunasse

Böden sind ungünstig. Die sehr frühe Blüte ist frostgefährdet. Befruchtungspartner müssen aus der *Prunus-cerasifera*-Gruppe stammen!

Schnittmaßnahmen sind eventuell nur im Rahmen eines Aufbau- und Formierungsschnittes durchzuführen, nötigenfalls kann man zu dicht wachsende Kronen vorsichtig auslichten.

Formenvielfalt der Früchte der Kirschpflaume (Prunus cerasifera)

Krankheiten und Schädlinge: Ähnlich wie bei Pflaumen – Pflaumengespinstmotten und Sägewespen, deshalb nicht in der Nähe von Pflaumenanbaugebieten pflanzen! Bei feuchtwarmer Witterung kann es auch zu Botrytisfäule der Früchte kommen.

Vermehrung und Anzucht: Wildformen durch Samen, Auslesen und Sorten durch Veredelung auf Sämlinge der Art oder auf Unterlagen, die auch für Zwetschken verwendet werden. Vegetativ vermehrte Typen der Kirschpflaume werden auch als Unterlage für Pflaumen verwendet.

Sorten und Auslesen: Vor allem in der Park- und Landschaftsgestaltung werden Sämlinge der Kirschpflaume in größerer Anzahl verwendet. Darunter sind auch die rotlaubigen Sorten (*Prunus cerasifera var. atropurpurea, P. cerasifera* ***Nigra***, etc.) zu nennen. Sie haben rosa Blüten und meist wenige, jedoch größere, dunkelrote Früchte (etwa um 1880 aus Persien eingeführt). Sie werden als große Ziersträucher oder Kleinbäume im Garten, Park- und Straßenbereich verwendet. Ihre Fruchtverwertung ist unbedeutend.

Kirschpflaume 'Trailblaizer' (Prunus cerasifera 'Trailblaizer') Zweigdetail mit Früchten

Trailblaizer (Synonym ***Hollywood***; Kreuzung zwischen *Prunus cerasifera Nigra* und einer Japanischen Pflaume): Bis 5 m hoher Strauch mit 4 cm großen, kirschroten Früchten, angenehm schmeckend.

Anatolia, ***Ceres*** und ***Fertilia*** sind reich tragende und geschmacklich wertvolle Sorten, es handelt sich dabei um Auslesen aus Wildformen aus der Türkei, die 1955 in Deutschland in den Handel gebracht wurden, und werden heute nur vereinzelt angeboten.

Kornelkirsche, Dirndl, Dirlitze

Cornus mas (*Cornaceae,* Hartriegelgewächse)

Weitere Namen: Herlitze, Dirlitze, Krakebeere, Korlesbeere, Dürlitze, Welsche Kirsche, Beinholz, Gelber Hartriegel

Im Mittelalter wurde die Kornelkirsche zur Holzgewinnung (z. B. für Radnaben) und zur medizinischen Anwendung kultiviert

Die Nutzung der Kornelkirsche lässt sich bis ins Altertum verfolgen. Schon die Griechen nutzten das zähe Holz zur Anfertigung von Lanzen und Wurfspießen. Man entdeckte Kerne der Kornelkirschen in Tongefäßen aus der Hallstattzeit. Im Mittelalter zählten sie bereits zu den Obstgehölzen, gerieten später jedoch wieder in Vergessenheit. Das Holz wird schon seit Langem auch für Drechsel- und Einlegearbeiten verwendet.

Prächtig entwickelter Solitärstrauch der Kornelkirsche in Vollblüte (Cornus mas)

Pflanzenmerkmale und Verbreitung: Die Heimat der Kornelkirsche erstreckt sich von Mittel- und Südeuropa über Klein- und Mittelasien, größere natürliche Vorkommen befinden sich im Kaukasusgebiet. Sie ist von der Ebene bis in das Hügelland verbreitet, wächst meist in lichten Laubmischwäldern, an sommerwarmen Waldrändern sowie in Gebüschen, Hecken und an trockenen Hängen.

Die Kornelkirsche wächst zu einem baumartigen Strauch oder Kleinbaum von 6–8 m heran und kann dabei ein Alter von 100 Jahren und mehr erreichen. Ihre eiförmig bis elliptisch zugespitzten Blätter werden etwa 4–10 cm groß, sind gegenständig angeordnet, glänzend grün und beiderseits leicht behaart.

Kleinkroniger Blütenbaum mit gelben Blüten im März

An den Verzweigungen älterer Triebe, aber auch an einjährigen Trieben bilden sich bereits im Sommer die Blütenknospen für das folgende Jahr. Die Blüten selbst sind gelb gefärbt, in kleinen kugeligen Trugdolden angeordnet und öffnen sich bereits ab Anfang März. In manchen Jahren kann es wegen der frühen Blüte zu Problemen bei der Bestäubung der Blüten, insbesondere bei den großfrüchtigen Auslesen, kommen.

Eignung: Die Kornelkirsche ist ein Universalgehölz mit vielen guten Eigenschaften. Als Einzelstrauch, Baum, Gruppen- oder Heckengehölz ist dieser robuste, attraktive Vorfrühlingsblüher ebenso verwendbar wie als geschnittene Hecke oder als Formgehölz. Sogar in höheren Lagen wächst sie noch sehr gut, allerdings reifen hier die Früchte nicht mehr aus, Frostlagen sind in Bezug auf die Fruchtentwicklung ebenfalls ungünstig.

Die Früchte sind vielseitig verwendbar, die Blüten werden gerne von Bienen, Wildbienen und Hummeln besucht, die Sträucher sind gute Vogelnähr- und Schutzgehölze. Die Früchte werden unter anderem auch gerne von Haselmaus, Siebenschläfer, Kernbeißer und Dompfaff gefressen.

Früchte der Kornelkirsche (Cornus mas) 'Schönbrunner Gourmet-Dirndl'

Frucht: Die Früchte sind glänzend rote, etwa 2 cm lange, ovale, beerenartige, essbare Steinfrüchte. Sie reifen folgernd, je nach Sorte ab etwa Mitte August bis Ende September. Das bedeutet, dass die Früchte nicht alle gleichzeitig, sondern über einen längeren Zeitraum hindurch sukzessive reifen. Im reifen Zustand sind die Früchte dunkelrot, falls nötig, ist eine Nachreife von einigen Tagen möglich. Allerdings sind sie nicht lagerfähig. Pro Strauch können mindestens 20–40 kg (von alten Pflanzen bis 70 kg) Früchte geerntet werden.

Ältere Pflanzen bringen Erträge von 60–70 kg

Kornelkirschen sind – außer im vollreifen Zustand – für den Rohgenuss nicht geeignet, da sie herb-säuerlich schmecken.

Sie enthalten jedoch wertvolle Inhaltsstoffe, unter anderem ist der Vitamin-C-Gehalt mit 70–125 mg/100 g sehr hoch, aber auch Zucker (7,5–10,4 [–20] g/100 g), Fruchtsäuren (3,8–7,2 g/100 g), Pektin sowie Duft- und Farbstoffe (Anthocyane) sind enthalten.

Man schätzt, dass im Osten (Bulgarien bis zum Kaukasus) mehr als 100.000 Tonnen Kornelkirschen verarbeitet werden!

Verwertung: Die vollreifen Früchte schmecken süß und sind als Vitamin-C-reiche Naschfrüchte interessant. Man kann sie bei Bedarf auch tieffrieren und erst im Winter verarbeiten. Vor allem lassen sich daraus sehr schmackhafte Marmeladen (entweder nur Kornelkirsche oder zusammen mit säurearmen Früchten wie Birne, Apfel, Holunder, Zwetschke, Melone und Kürbis), Gelees und Konfitüren bereiten.

Zur Marmeladeherstellung gibt es verschiedene Möglichkeiten. Man kann die Früchte mit etwas Wasser kurz aufkochen und dann durch ein Sieb passieren (ist mühsam!). Oder man trennt Kerne und Fruchtfleisch mit Hilfe einer Zentrifuge. Für kleine Mengen kann man die Früchte (der großfrüchtigen Sorten!) auch mit einem Oliven-Entkerner entsteinen; dies ist zwar am aufwändigsten, man erhält dadurch aber die beste Fruchtmarmelade! Gelee kann man sehr einfach mit dem Entsafter herstellen.

Sie eignen sich auch für Kompott, und, süß-sauer eingelegt, können sie wie Preiselbeeren zu Wildgerichten gereicht werden. Halbreife Früchte, mit Gewürzen versetzt und in Weinessig eingelegt, dienen als schmackhafter Olivenersatz („Falsche Oliven"). Die Früchte lassen sich (ebenfalls sehr arbeitsaufwändig) kandieren oder einfach trocknen, dann sind sie für einige Jahre ohne Qualitätsverlust lagerfähig und außerdem wertvolle Vitamin-C-Spender.

Früchte der Wildform (oben) und der großfruchtigen Sorte 'Jolico'

Hervorragend und erfrischend schmecken Säfte, Sirup und Süßmost. Auch Wein und Likör von ausgezeichnetem Geschmack lassen sich daraus bereiten. In Russland wird ein hervorragender Likör herstellt, er ist unter dem Namen „Dernovka" bekannt. Weiters kann der Saft zu Spezialessig vergoren werden. Man kann die Früchte in Alkohol einlegen. So wird ein hochqualitativer Schnaps – in Österreich als „Dirndl-Schnaps" bekannt – aus den reifen Kornelkirschen hergestellt. Aus 100 kg Kornelkirschenmaische gewinnt man 5 l Dirndl-Schnaps.

Standortansprüche und Pflege: Kornelkirsch-Sträucher lieben sonnige (bis halbschattige) Standorte. Der Boden sollte humos, kalkhaltig und nicht zu trocken sein. Trockenheit wird zwar gut vertragen, legt man jedoch auf die Früchte großen Wert, so sollte der Boden – vor allem zur Zeit der Fruchtentwicklung im Sommer – einigermaßen feucht sein. Staunasse und verdichtete Böden sind zu meiden.

Als Frühblüher sind dessen Blüten mitunter spätfrostgefährdet (schlechter Fruchtansatz). Die Wildformen sind selbstfruchtbar. Die ursprüngliche Annahme, dass die großfrüchtigen Sorten einen Befruchtungspartner benötigen, scheint sich inzwischen nicht mehr zu bestätigen. Vielmehr scheint das aktuelle Wettergeschehen (Regen, Schneefall, Kälteeinbruch) während der Blütezeit einen wesentlichen Einfluss auf die Fruchtentwicklung zu haben. Längere Regenperioden oder Schneefall zur Blütezeit können eine Bestäubung behindern. In diesem Fall kann die Bestäubung durch das Aufwirbeln der Luft mittels eines Gebläses verbessert werden. Unsere Pflanzen an der HBLFA Schönbrunn und an der Außenstelle Königshof fruchten seit Jahren regelmäßig und bringen außerordentlich hohe Erträge. Dennoch ist es ratsam, entweder mehrere Sorten oder einen „Befruchter" mit auszupflanzen.

Schnittmaßnahmen sind nicht erforderlich, wenn genügend Platz vorhanden ist. Allerdings vertragen sie einen Auslichtungsschnitt gut und regenerieren sich sogar, wenn man sie „auf den Stock setzt".

Fruchtender Kornelkirsch-Strauch 'Jolico' (Cornus mas 'Jolico')

Krankheiten und Schädlinge: Sind bislang nicht aufgetreten, gelegentlich werden die Blätter miniert. Junge Pflanzen sind wildverbissgefährdet.

Vermehrung und Anzucht: Wildformen lassen sich einfach durch Samen vermehren, dazu muss man sie sofort nach der Ernte auswaschen und stratifizieren. Die Samen liegen 1–2 Jahre über, sie keimen meist erst im dritten Jahr! Erste Blüten kann man bei Sämlingspflanzen nach 6–8 Jahren erwarten. Wie sich inzwischen herausgestellt hat, befinden sich unter den Sämlingsnachkommen großfrüchtiger Sorten wieder eine beträchtliche Anzahl groß- und reich fruchtender Typen.

Früchte der Wildform von Cornus mas im Vergleich zu den verschieden großfrüchtigen Sorten

Sorten müssen natürlich vegetativ vermehrt werden, dies erfolgt in der Regel durch Augenveredelungen (Okulation) im Sommer. Diese Pflanzen blühen bereits im zweiten Jahr, ab dem vierten Jahr werden Früchte gebildet.

Um die Pflanzen besser beernten zu können, sollte man einen Mittelstamm oder Hochstamm (dann Ernte durch Abschütteln) erziehen. Dabei ist es wichtig, bei den jungen Okulaten jeweils nur einen Trieb zur Erziehung eines Stammes zu belassen, da die Kornelkirsche immer aus zwei gegenüberliegenden Augen austreibt und die Sträucher dann von Natur aus einen V-förmigen Doppelstamm bilden. Der Platzbedarf eines Kornelkirsch-Strauches beträgt zumindest 3 m. Auch Absenker sind möglich.

Zweigdetail der Sorte 'Jolico' mit Früchten

Früchte von Cornus mas 'Schönbrunner Gourmet-Dirndl'

Früchte von Cornus mas 'Kasanlaker'

Früchte von Cornus mas 'Schumener'

Sorten und Auslesen: Schon vor mehr als 100 Jahren wurden Typen mit abweichender Fruchtfarbe (weißlich, gelb, fast schwarz) ausgelesen, doch haben diese heute keine Bedeutung mehr. Auch Sorten mit weiß- und gelbgerandeten Blättern gibt es, für die Fruchtnutzung sind diese aber bedeutungslos. Vielmehr sind es die großfrüchtigen Sorten, von denen mittlerweile einige im Handel sind. Vor allem an der HBLVA für Gartenbau in Wien, Schönbrunn, und am Institut für Obstzüchtung in Bojnice (Slowakei) wurden Selektionen durchgeführt. Inzwischen sind einige neue großfrüchtige Sorten aus Bulgarien und dem Kaukasus hinzugekommen.

Die Früchte erntet man am besten durch Abschütteln auf ein darunter ausgebreitetes Netz oder Vlies und anschließendes Auflesen.

Jolico (Züchtung HBLFA Schönbrunn): Großfrüchtige Sorte, Reifezeit zweite Septemberhälfte; Fruchtgröße 2,5–3,2 cm, Fruchtgewicht bis 6 g. Der Fruchtertrag von 20-jährigen Veredelungen lag bei ca. 20 kg, wobei an einzelnen Sträuchern bis zu 40 kg Früchte und mehr geerntet wurden.

Schönbrunner Gourmet-Dirndl (Züchtung HBLFA Schönbrunn): Großfrüchtige Sorte mit birnenförmigen, 2,7–3,1 cm großen Früchten, Einzelfruchtgewicht bis 5 g; Reife ab Ende August/Anfang September, sehr süß, durchschnittlicher Fruchtertrag von 20-jährigen Pflanzen etwa 15 kg, maximaler Ertrag einzelner Sträucher 25–30 kg.

Hecoma (Züchtung HBLVA Schönbrunn): Kleinfrüchtige, aber extrem reich fruchtende Sorte mit regelmäßigem Fruchtertrag, Früchte 1,5–1,7 cm groß, als Befruchtungspartner für großfrüchtige Selektionen empfehlenswert.

Kasanlak: Großfrüchtige Sorte mit birnenförmigen Früchten (ähnlich dem Schönbrunner Gourmet-Dirndl) aus Bulgarien, Fruchtgröße 2,6–2,8 cm, Einzelfruchtgewicht bis 6 g, reich fruchtend, früh reifend, Reifezeit Mitte bis Ende August.

Schumener: Großfrüchtige Sorte ähnlich Jolico mit lang-ovalen Früchten, Fruchtgröße 2,7–3,0 cm, Reifezeit Mitte bis Ende August, reich blühend.

Bulgarien: Großfrüchtige Sorte ähnlich wie Jolico, aber mit früher Reifezeit von Mitte bis Ende August, Fruchtgröße 2,7–3,0 cm, Fruchtgewicht bis 6 g, süß und mild schmeckend.

Titus (Züchtung Bojnice): Starkwachsende Sorte mit kleinen Früchten (1,8–2,5 g), jedoch hohen und regelmäßigen Erträgen, Früchte folgernd ab Mitte August reifend (Wien). Bei Vollreife dunkelrot, Geschmack herb-säuerlich.

Devin (Züchtung Bojnice): Mittelstark wachsende Sorte mit mittelgroßen Früchten, Fruchtgröße 1,9–2,1 cm, Einzelfruchtgewicht 1,9 g. Bringt hohe, regelmäßige Erträge. Reife ab Ende August/Anfang September (Wien). Bei Vollreife dunkelrot, Geschmack herb-säuerlich.

Cormas: Selektion aus Dänemark, Früchte mittelgroß, sehr früh reifend (Mitte August).
Pancharevo: Bulgarische Sorte aus der Pancharevo-Region mit großen Früchten ähnlich wie Jolico (Gärtnerei Naturwuchs).
Shan: Varietät mit den größten Knospen sowie kirschförmigen Früchten (Gärtnerei Naturwuchs).
Yellow: Sehr frühe Sorte und ausgezeichneter Bestäuber für andere Varietäten mit gelben Früchten (Gärtnerei Naturwuchs).
Cornello Castle: Großfruchtige Befruchtersorte für ***Cornella***, Reife ab Mitte September (Häberli, Schweiz).
Cornella Kasanlaker: (Synonym: Kasanlak) Großfruchtige Kultursorte (Häberli, Schweiz).

Es gibt noch zahlreiche weitere Lokalsorten in Russland, der Ukraine, im Kaukasusgebiet, in der Türkei sowie in der Slowakei, in Ungarn und in Österreich. Auch aus Dänemark (***Cormas*** und ***Macrocarpa***) sowie aus den USA (***Helen, Pioneer*** und ***Red Star***) sind einige Sorten im Handel. In der ehemaligen UdSSR und im Kaukasus wurden verschiedene großfrüchtige Sorten der Kornelkirsche kultiviert, unter anderem großfrüchtige Typen von flaschenförmiger Gestalt sowie gelbfrüchtige Klone. Heute noch werden z. B. in Georgien in zeitlicher Abfolge kleinfrüchtige, großfrüchtige ovale sowie zuletzt großfrüchtige birnenförmige Sorten auf den Märkten angeboten.

Früchte von Cornus mas 'Pancharevo'

Früchte von Cornus mas 'Shan'

Früchte von Cornus mas 'Yellow'

Mispel

Mespilus germanica (*Rosaceae,* Rosengewächse)
Weitere Namen: Echte Mispel, Deutsche Mispel, Gemeine Mispel, Mespele, Mespelen, Mispele, Nespel, Asperl, Espel, Hespel

Fossilfunde belegen, dass die Mispel im Kaukasus und im heutigen Georgien bereits im Tertiär vorkam. Seit 1000 v. Chr. ist sie um das Kaspische Meer in Kultur, in Babylonien und im alten Griechenland (um 650 v. Chr.) war sie ebenfalls bekannt. Sie wurde wahrscheinlich von den Römern nach Mitteleuropa gebracht. Karl der Große (ca. 800 n. Chr.) gab Anweisung, die Mispel in seinem Einzugsbereich zu pflanzen. Im Mittelalter war sie in Mitteleuropa ein allgemein geschätztes Fruchtgehölz.

Bereits Karl der Große gab die Anweisung, Mispeln zu pflanzen

Pflanzenmerkmale und Verbreitung: Die ursprüngliche Heimat der Mispel reicht von Kaukasus und Iran bis nach Kleinasien und Griechenland. Im Mittelalter in Europa weit verbreitete Obstart, in Mittel- und Westeuropa seit etwa 200 v. Chr. eingebürgert.

Etwa 30-jähriger Mispelbaum im Fruchtschmuck (Mespilus germanica)

Sie kommt hier an sonnigen Waldrändern, in Trockengebüschen oder an sonstigen wärmebegünstigten Standorten vor. Die Mispel ist ein sommergrüner, etwa 3–6 m hoher, breitwachsender Strauch oder kurzstämmiger Baum mit etwas sparrigem Wuchs. Seine breit-lanzettlichen, bis 12 cm langen Blätter sind unterseits auffällig graugrün und filzig behaart, bei den Pflanzen am natürlichen Standort enden die Kurztriebe in Sprossdornen (ähnlich wie beim Wildapfel). Die weißen Blüten stehen einzeln am Ende der Triebe und entfalten sich im Mai/Juni.

Eignung: Mispelbäume und -sträucher eignen sich als Einzelpflanzen, aber auch für Abpflanzungen und Hecken gemeinsam mit anderen wärmeliebenden Gehölzen im Garten und in Parks sowie in der Landschaft. Sie bevorzugen vollsonnige bis halbschattige, trockene Standorte in möglichst windgeschützten Lagen. Die Mispel ist etwas wärmebedürftig, gedeiht zwar noch in Höhenlagen bis 1.000 m (Kaukasus), in unseren Breiten ist sie jedoch nicht für kalte Gebiete geeignet. Gute Bienenweide!

Detail der Mispel mit Blatt und Früchten

Frucht: Die Früchte der Wildvorkommen sind kaum 2–3 cm groß (etwa so groß wie die Früchte der Kornelkische) und wiegen etwa 15–20 g. Allerdings gibt es zahlreiche Kulturformen, deren Fruchtgröße 3–7 cm erreichen kann. Die Frucht selbst ist eine rostrote bis rostbraune Sammelsteinfrucht von leicht birnen- oder apfelförmiger Gestalt mit deutlich sichtbaren, bleibenden Kelchzipfeln. Bis zum Eintreten der ersten Fröste bleiben die Mispeln steinhart, erst danach nehmen sie eine schokoladenbraune Färbung an, werden teigig weich und schmecken dann angenehm säuerlich und aromatisch.

Man kann die Früchte auch schon vor dem Frost ernten, muss sie dann allerdings etwa 20 Tage lagern, damit sie weich und essbar werden. Sie werden in Italien und in den letzten Jahren auch bei uns wieder häufiger auf den Märkten angeboten. Unter günstigen Bedingungen lassen sich bis zu 30 kg Früchte pro Baum ernten.

Erst nach Frosteinwirkung werden die Früchte teigig, saftig, süß und aromatisch

Die Früchte enthalten neben Zucker (bis 9 %, im Kaukasus bis 17 %), Stärke (3–4 %) und Apfelsäure auch Vitamin C (22–30 mg/100 g), geringe Mengen an Eiweiß und Fett sowie Mineralstoffe, Ballaststoffe und etwas Pektin (0,8–1 %). Die Samen sind ölhaltig (2,5–5 %).

Verwertung: Roh kann man die Früchte nach Frosteinwirkung oder nach längerer Lagerung essen. Besonders Gelee und Marmelade, aber auch Saft und Likör werden aus den Früchten hergestellt. Günstig sind Mischfruchtprodukte, vor allem mit anderen Wildobstarten.

Man kann sie auch in Zucker, Wein und Butter dämpfen oder daraus Zucker-Essig-Früchte (eine Delikatesse) herstellen beziehungsweise zu Püree und Kompott verarbeiten. Früher hat man sie auch in Honig oder Birnendicksaft kandiert. Auch Obstwein werden Früchte beigemengt, was seinen Geschmack verfeinert und die Haltbarkeit erhöht. Wegen der hohen Gerbstoffgehalte gelangt die Mispel auch in der Volksmedizin zum Einsatz.

Volks- und Hildegardmedizin: Große Wirkung gegen vielerlei Gebrechen

Standortansprüche und Pflege: Vollsonnige bis halbschattige Lagen sowie warme Standorte und ebenso tiefgründige Böden mit hohem Kalkgehalt werden bevorzugt. Sonst keine speziellen Ansprüche, Schnittmaßnahmen sind auch bei dieser Gehölzart nicht notwendig.

Da die Blütenbildung endständig an den Trieben erfolgt, ist von einem regelmäßigen Schnitt Abstand zu halten. Eventuell Entfernen zu dicht stehender Äste. Mispelbäume sind sehr langlebig.

Krankheiten und Schädlinge: Mispelbäume werden kaum von Krankheiten oder Schadinsekten befallen. Sie sind leider aber auch für Feuerbrand anfällig.

Vermehrung und Anzucht: Vermehrung durch Samen möglich, Sorten und Auslesen müssen vegetativ vermehrt werden. Zumeist erfolgt dies durch Veredelung auf Weißdorn, Quitten-Typen-Unterlagen, Eberesche oder Birne.

Sorten und Auslesen: Es gibt zahlreiche, im Laufe der Jahrhunderte entstandene Auslesen mit unterschiedlichen Fruchtmerkmalen und -eigenschaften. Einige werden hier genannt. Ausgewachsene Mispelbäume können bis zu 60 kg Früchte tragen.

Kernlose (var. ***apyrena*** oder ***Apyrena***): Wurde im 18. Jahrhudert auf dem Balkan gefunden. Samenlose Sorte mit kleinen, schmackhaften Früchten.

Nottingham (Synonyme: ***Großfrüchtige von Nottingham, Frühe Englische***): Um 1850 von Hoog in England gezüchtet, mit mittelgroßen bis großen, runden, wenig aufspringenden Früchten mit dunkelbraunem Fruchtfleisch und geringem Kernanteil. Ist die häufigste und geschmacklich beste Sorte, die in Baumschulen angeboten wird.

Holländische Großfrüchtige (Synonyme: ***Monstreuse de Hollande, Große Gartenmispel***): Alte Sorte mit starkem Wuchs und großen Früchten von kreiselförmiger, flacher Gestalt. Früchte bis 6 cm breit und 65 g schwer. Mit angenehmem Geschmack und reichem Ertrag, Reife Oktober.

Königliche: 1870 in England entstanden, mittelstark wachsend, die Früchte sind mittelgroß, länglich-rund, angenehmer Geschmack, ertragreich, Reife Ende Oktober.

Mispelfrüchte verschiedener Sorten mit bis zu 6 cm Fruchtgröße

Mispel von Metz: Spät reifende Sorte mit bräunlichen Früchten.
Krim: Starkwüchsige Sorte mit sehr großen, runden bis kreiselförmigen Früchten, Geschmack süß-säuerlich, ertragreiche Sorte, Reife Ende September.
Ungarische (Balkan-)Mispel: Sehr alte und weit verbreitete Sorte, schwacher Wuchs, mittelgroße Früchte, guter Geschmack und ertragreich.

Pawpaw

Junger Baum der Indianerbanane (Asimia triloba) mit beginnender Herbstfärbung

Asimina triloba (*Annonaceae,* Sauersackgewächse)
Weitere Namen: Papau, Paw Paw, Indianerbanane

Pflanzenmerkmale und Verbreitung: Der Pawpaw ist im südöstlichen Nordamerika beheimatet. Er wächst meist im Unterwuchs der Wälder entlang der Flüsse auf nährstoffreichen, feuchten und sauren bis neutralen Böden. Diese bei uns noch kaum bekannte Pflanze ist der einzige bei uns winterharte Vertreter einer subtropischen bis tropischen Gehölzgruppe, die insbesondere wegen ihrer essbaren Früchte angebaut wird.

Der Großstrauch wird etwa 3–5 m hoch, mitunter kann er auch zu einem kleineren Baum bis 8 m Höhe heranwachsen. Er entwickelt eine geschlossene, breit-rundliche bis ovale Krone, trägt wechselständige, dekorative, große Blätter (von 12–25 cm Länge). Diese verfärben sich im Herbst leuchtend gelb.

Im Mai erscheinen in den Blattachseln vorjähriger Triebe, zumeist vor oder mit den Blättern, die etwa 3–4 cm großen, rot- bis kastanienbraunen glockigen Blüten. Diese werden nicht von Bienen, sondern von Fliegen, Käfern und durch den Wind bestäubt. Für einen guten Fruchtansatz sind mehrere Klone oder Sorten notwendig, da die Blüten selbststeril (protandrisch) sind. Allerdings sind inzwischen auch selbstfruchtbare Sorten im Handel.

Eignung: Als attraktives laubzierendes Solitärgehölz mit Fruchtnutzung für den Garten, lässt sich mit Stauden kombinieren und kann auch als Gruppengehölz Verwendung finden; wärmebedürftig.

Ein Geschmackscocktail aus Banane, Mango, Ananas und Vanille

Frucht: Die Früchte der Wildform sind 7–9 cm lange und 3–5 cm breite, ovale bis wurstförmige, grünliche und zur Reife gelbliche Beerenfrüchte. Entweder entwickeln sie einzelne Früchte, sie können aber auch in Fruchtverbänden (Clusters) von bis zu neun Einzelfrüchten zusammengefasst sein. Auslesen und Sorten können bis 15 cm groß werden. Ihr

Fruchtgewicht liegt zwischen 60 und 240 g, wobei sie sogar 370 g wiegen können.

Sie enthalten große schwarze Samen. Das Fruchtfleisch ist weich und zart und erinnert ein wenig an das süßliche Fruchtfleisch reifer Bananen. Genauer gesagt, erinnert der Geschmack an einen Cocktail tropischer Früchte aus Banane, Mango, Ananas und Vanille. Die Früchte der Wildpflanzen enthalten 10–14, jene der Fruchtsorten meist nur 8–10 bohnengroße Samen.

Pawpaw-Früchte reifen über einen Zeitraum von etwa vier Wochen von Ende August bis Anfang Oktober. Die Frucht ist reif, wenn sich ihre Haut durch sanften Druck mit den Fingern (ähnlich den Pfirsichen) leicht eindrücken lässt. Zur Reifezeit verströmen sie einen sehr charakteristischen süßlichen Duft tropischer Früchte. Reife Früchte lassen sich zwei bis drei Tage lagern. Knapp vor der Vollreife geerntete (oder abgefallene) Früchte reifen innerhalb weniger Tage gut nach.

Verschiedene Sorten der Indianerbanane

Der Fruchtertrag setzt nach etwa fünf bis sechs Jahren ein. An der HBLFA Schönbrunn wurden im 5. Standjahr (in Abhängigkeit von der Sorte) zwischen 1 und 54 Früchten beziehungsweise zwischen 0,35 und 6,00 kg pro Baum geerntet. Das durchschnittliche Fruchtgewicht betrug zwischen 92 g und 155 g/Frucht, das Maximalgewicht pro Frucht betrug 365 g. An Bäumen im Vollertrag (Kentucky State University) wurden zwischen 30 und 100 Früchte gezählt.

Verwertung: Die Frucht ist für den Rohverzehr geeignet. Man isst sie, indem man sie halbiert und ähnlich wie bei der Kiwifrucht das weiche, cremige Fruchtfleisch mit einem kleinen Löffel auslöffelt. Die Kerne entnimmt man am besten während des Auslöffelns. Die Früchte kann man aber auch (ähnlich wie die Banane) zu Mus und Fruchtcocktails sowie zu Marmelade verarbeiten. Außerdem enthalten sie einen krebshemmenden Stoff. Nicht alle Sämlingsnachkommenschaften besitzen wohlschmeckende Früchte, manche haben einen unangenehmen Bei- oder Nachgeschmack. Man sollte deshalb die mittlerweile erhältlichen Sorten pflanzen.

Die Frucht der Indianerbanane wird mit einem kleinen Löffel ausgelöffelt

Standortansprüche und Pflege: Der Pawpaw bevorzugt mäßig feuchte, nährstoffreiche und leicht saure Böden. Allerdings konnten wir bisher keine Probleme auf stark kalkhaltigen Böden der HBLFA Schönbrunn feststellen! Wichtig ist, dass der Boden durchlässig ist, da Staunässe nicht vertragen wird. Am geeignetsten sind Gebiete mit begünstigter Klimalage (Weinbauklima), damit die Früchte auch rechtzeitig vor den ers-

Die Standortsansprüche sind ähnlich jenen des Pfirsichs

ten Frösten ausreifen. Allerdings sind die Pflanzen bis –25 °C winterhart und ertragen noch Temperaturen von +35 °C. Eine Fläche von etwa 2 x 4 m sollte pro Baum zur Verfügung stehen.

Schnittmaßnahmen sind in der Regel nicht notwendig, abgesehen vom Entfernen verletzter oder zurückgefrorener Pflanzenteile. Bei älteren Pflanzen ist ein leichter Auslichtungsschnitt empfehlenswert.

Krankheiten und Schädlinge: Die Blüten werden gelegentlich von Rosenkäfern abgefressen. In Amerika sind die Blätter des Pawpaw Futter für die Larven des Zebra-Schwalbenschwanzes. Zweige und Blätter enthalten offenbar insektizide Wirkstoffe.

Vermehrung und Anzucht: Lassen sich durch Samen vermehren, doch reifen diese bei uns nur selten aus. Aussaat im Frühjahr, nach einer Kaltstratifikation, diese Samen keimen aber erst im Sommer. Eine Herbstaussaat in Kistchen ist ebenfalls möglich. Die Samen dürfen nicht austrocknen, danach Kältebehandlung (3 Monate stratifizieren) und dann im warmen Haus bei Bodenwärme aufstellen.

Es können (von geeigneten wurzelechten Fruchtauslesen interessant) auch Wurzelschnittlinge entnommen und diese ebenfalls im Warmhaus aufgestellt werden. Die im Handel angebotenen Sorten werden veredelt.

Außer der Okulation scheinen alle Veredelungsmethoden zu funktionieren. Als verlässlichste Methode wird das Chip-Budding zu Beginn des Austriebes im zeitigen Frühjahr empfohlen.

Fruchtdetail der Sorte 'Overleese'

Indianerbananen entwickeln eine Pfahlwurzel und reagieren sehr empfindlich, wenn diese verletzt werden. Deshalb sollten ausschließlich Containerpflanzen für die Auspflanzung am endgültigen Standort verwendet werden.

Sorten und Auslesen: Zur Zeit werden unter anderem folgende großfrüchtige Sorten angeboten: ***Davis, Overleese, Prima 1216*** und ***Sunflower***.

Fruchtdetail der Sorte 'Sunflower'

Unten angeführte Erträge und Fruchtgewicht wurden im 5. Standjahr gemessen.

Overleese: Selbstfruchtbare Sorte mit großen Früchten (180 g) und mittlerem Fruchtertrag (2,90 kg/Baum).

Sunflower: Selbstfruchtbare Sorte mit sehr großen Früchten (134 g) und sehr hohem Fruchtertrag (6,00 kg/Baum).

Prima 1216: Wahrscheinlich selbstfruchtbare Sorte mit großen Früchten (190 g) und hohem Fruchtertrag (3,90 kg/Baum).

Prolific: Sorte mit mittelgroßen Früchten (112 g) und hohem Fruchtertrag (3,40 kg/Baum).

Rebecca's Gold: Sorte mit kleinen Früchten (92 g) und geringerem Fruchtertrag (1,55 kg/Baum).
Mary Foos Johnson: Sorte mit großen Früchten (188 g) und mittlerem Fruchtertrag (2,65 kg/Baum).
Davis: Sorte mit großen Früchten (250 g) und mittlerem Fruchtertrag (2,75 kg/Baum).
An der HBLFA Schönbrunn sind noch folgende Sorten ausgepflanzt: ***Ithaca, Mango, NC1, Taylor, Taytwo*** und ***Wells***.

Anzahl der Früchte Pro Baum im fünften bzw. im sechsten Jahr		
Sorte	**Anzahl/Früchte pro Baum 2007**	**Anzahl/Früchte pro Baum 2008**
Davis	11	4
Mango	5	11
Mary Foos Johnson	14	4
Overleese	16	16
Prima 1216-60	54	58
Prolific	37	37
Rebecca's Gold	17	3
Sunflower	29	8

Gewöhnlicher Sanddorn

Hippophae rhamnoides (*Elaeagnaceae,* Ölweidengewächse)
Weitere Namen: Sandbeere, Seedornbeere, Sprengbeere, Weidendornbeere, Fasanbeere

Pflanzenmerkmale und Verbreitung: Der Sanddorn hat ein sehr großes natürliches Verbreitungsgebiet, das von Ostasien über Mittel- und Kleinasien bis nach West- und Nordeuropa reicht. Bei uns wächst er auch im alpinen Bereich, im Altaigebirge und Tibet kommt er bis in Höhenlagen von 5.000 m vor. Daneben tritt er bevorzugt in Küstenregionen (Nord- und Ostseeraum) sowie entlang von Flusstälern auf. Er wächst strauchartig (1,5–4 m), kann sich aber auch baumförmig (6–10 m) entwickeln und ist dicht verzweigt. Seine Kurztriebe enden in Sprossdornen. Darüber hinaus bildet er massenhaft Ausläufer (bis 10 m weit von der Aus-

Fruchtender Strauch des Sanddorns, das Bild zeigt die Sorte 'Leikora' (Hippophae rhamnoides)

Die Sanddornzweige sind dicht mit Früchten bedeckt, die Blätter sind schmal-lanzettlich (Hippophae rhamnoides)

gangspflanze, sehr flach verlaufend), so dass sich aus einer einzigen Pflanze bald ein kleiner Bestand entwickeln kann.

Seine Blätter sind schmal-lanzettlich, bis 7 cm lang und beiderseits silbriggrau gefärbt (beschülfert). Der Sanddorn ist zweihäusig, man muss also, wenn man auf einen guten Fruchtertrag Wert legt, auf jeden Fall für 1–10 weibliche zumindest eine männliche Pflanze setzen. Die Blüten selbst sind unscheinbar, sie erscheinen ab Ende März bis Mitte April und werden vom Wind bestäubt. Der Sanddorn zählt zu den ernährungsphysiologisch wertvollsten Wildobstarten.

Eignung: Im Hausgarten sollte man dem Sanddorn ausreichend Platz einräumen, da man zumindest eine männliche Pflanze zusätzlich zu den (weiblichen) Fruchtsorten braucht und auch die Wurzelausläufer berücksichtigen muss. In Hecken, Abpflanzungen oder auf sonnigen Böschungen bietet sich normalerweise ein geeigneter Standort an. Durch die Wurzelausläufer ist er auch zur Hangbefestigung verwendbar. Die Pflanzen sind lichthungrig, kommen aber mit sandigen bis schottrigen Böden auch in höheren Lagen noch gut zurecht. Wichtiges Vogelschutz- und -nährgehölz, da die Früchte Winternahrung für Drosseln und andere Vögel bieten.

Frucht: Die Scheinsteinfrüchte sind kugelig, oval oder walzenförmig, haben ein Fruchtgewicht von 0,1–0,9 g und sind gelb, orange oder korallenrot gefärbt. Die Früchte reifen ab August bis Oktober (die Reifezeit ist abhängig von Standort und Sorte).

An Inhaltsstoffen sind vor allem der hohe Vitamin-C-Gehalt (150–400 mg/100 g Frischgewicht) sowie viel Provitamin A (4–8 [–20] mg Carotin/100 g) hervorzuheben. Daneben enthalten die Früchte noch zahlreiche Mineralstoffe, 15 Spurenelemente (z. B. Eisen, Mangan, Bor und Silizium), Fruchtsäuren (3,4 %), ungesättigte Fettsäuren, Zucker und Öl (im Fruchtfleisch und im Samen) sowie zahlreiche weitere wertvolle Inhaltsstoffe.

Die Ernte sollte sofort mit Beginn der Fruchtreife erfolgen, da der Säure- und Vitamin-C-Gehalt mit zunehmender Reife stark abnimmt. Das Pflücken per Hand oder Abstreifen mit Brettchen ist etwas mühsam. Man kann fruchttragende Zweige auch abschneiden, tieffrieren („frosten") und die Früchte anschließend einfach abklopfen. Der Fruchtertrag bei Pflanzen im 3. Standjahr wird etwa (sortenabhängig) zwischen 5,0 kg (Hergo und Sirola) und 9,8 kg (Orange-Energy-Habego) pro Strauch, bei älteren Pflanzen 15–20 kg betragen. (H.-J. Albrecht, 2008).

Verwertung: In einigen Regionen Deutschlands wird Sanddorn auch plantagenmäßig angebaut und maschinell geerntet. Theoretisch können die sehr sauren Früchte bei Erreichen des optimalen Reifezeitpunktes auch roh verzehrt werden. Hauptsächlich werden Sanddornfrüchte jedoch einer Weiterverarbeitung zugeführt: Rohsaft kann zu Gelee, Konzentrat, Sirup, Süßmost (auch in Mischung) oder Milchmixgetränken sowie Diäterzeugnissen, Trockenfrüchten und Müsli-Zusätzen verarbeitet werden.

Aus Einzelfrüchten gewinnt man Fruchtmark, Nektar, Marmelade, Kindernahrung (in Mischung), Likör, Füllmasse für Süßwaren. Neuerdings gibt es auch Sanddorn-Fruchtschnitten und -bonbons. Öl (auch aus Pressrückständen) wird in der Medizin und in der Kosmetik verwendet. In Deutschland (Großraum Berlin) gibt es mehrere hundert Hektar Sanddorn-Plantagen, wo die Früchte maschinell geerntet werden.

Die Fruchtzweige dienen auch als Vasenschmuck und für Dekorationszwecke.

Sanddornstrauch vor dem Schnitt

Sanddornstrauch nach dem Auslichtungsschnitt. Zu dicht stehende Zweige wurden entfernt, zu hoch wachsende Äste eingekürzt

Standortansprüche und Pflege: Der Sanddorn bevorzugt durchlässige, lockere, tiefgründige und gut durchlüftete Böden. Dabei ist es egal, ob es sich hierbei um Rohböden oder salzhaltige Sanddünen handelt (wird in Nordeuropa auch zur Festigung von Sanddünen ausgepflanzt). Die Wurzeln des Sanddorns sind (ähnlich wie jene der Erlen) mit Strahlenpilzen *(Actinomyceten)* vergesellschaftet, wodurch ein Wachstum an diesen extremen Standorten erst ermöglicht wird.

Bevorzugt werden neutrale bis schwach alkalische Böden, wichtig ist jedoch, dass der Standort vollsonnig ist, da die Pflanze sehr lichtbedürftig ist. Der Sanddorn ist hitzeverträglich, frosthart, windfest, verträgt auch Überschwemmungen und Einschüttungen, jedoch keine Bodenverdichtung oder schwere Lehmböden. Optimal sind Böden mit einem pH-Wert zwischen 6,0 und 8,0, auf Sandböden liegt der untere Grenzwert bei einem pH von 5,4.

Schnittmaßnahmen beschränken sich auf das Entfernen der Wurzelausläufer bzw. das Entfernen von Zweigen, wenn die Pflanzen zu groß werden. Werden zwecks Fruchternte zwei- und dreijährige Zweige abgeschnitten, dann erübrigt sich auch diese Maßnahme, jedoch fruchten die Pflanzen dann nur in zweijährigem Rhythmus. Durch diese Schnittmaßnahme wird das Höhenwachstum begrenzt und die Sträucher erneuern sich ständig von der Strauchbasis ausgehend.

Blüten bzw. Früchte entwickeln sich nur am ein- bis dreijährigen Holz im äußeren Kronenbereich

Krankheiten und Schädlinge: Gelegentlich können Welkekrankheiten *(Verticillium albo-atratum)* auftreten. Wildverbiss durch Rehe ist möglich.

Fruchtdetail der Sorte 'Leikora'

Fruchtdetail der Sorte 'Frugana'

Fruchtdetail der Sorte 'Askola'

Vermehrung und Anzucht: Sanddorn lässt sich durch Samen vermehren, dabei entstehen annähernd gleich viele weibliche wie männliche Pflanzen (Albrecht, 2003). Sorten werden vegetativ über Abrisse, Grünstecklinge (im Juli/August in Torf-Sand-Gemisch gesteckt) oder Steckholz vermehrt.

Sorten und Auslesen: In Deutschland wurden speziell für den Fruchtanbau mehrere Sorten gezüchtet (H.-J. Albrecht, Baumschule Berlin-Baumschulenweg), die mittlerweile auch in Baumschulen erhältlich sind.
Leikora: Seit 1979 im Handel, besonders für Hausgärten geeignet, starkwüchsig, mittelhoch, breit aufrecht, kompakt und regelmäßig verzweigt, wenig bedornt, regeneriert sich nach Rückschnitt gut. Die Früchte sind groß (100 Früchte = 62 g), walzen- bis tropfenförmig, dunkelorange und farbstabil und sitzen dicht und fest am Fruchtholz; Reifezeit Anfang September bis Ende September. Inhaltstoffe: Gesamtfruchtsäure 3,4 %, Ascorbinsäure 240 mg/100 g, Carotin 6 mg/100 g, Öl 4,9 %.
Frugana: Seit 1986 im Handel, Fruchtreife bereits Anfang bis Ende August, starkwüchsig, locker und gering verzweigt, steif aufrecht, bis 4 m hoch. Geringe Bedornung, Ertrag ab 3. Standjahr. Die Früchte (100 Früchte = 41 g) sind oval, glänzend hellorange, schwach beschülfert, Langtriebe sind dicht mit Früchten besetzt; Reifezeit früh von Mitte bis Ende August. Der Saft ist mild im Geschmack. Inhaltstoffe: Gesamtfruchtsäure 3,5 %, Askorbinsäure 160 mg/100 g, Karotin 9 mg/100 g, Öl 4,1 %.
Askola: Seit 1992 im Handel, mittelfrühe Sorte, Fruchtreife Ende August bis Mitte September; starkwüchsige, steil aufrecht wachsende Sorte bis 5 m Wuchshöhe, unregelmäßig verzweigt mit relativ kurzen Fruchtzweigen; Früchte (100 Früchte = 33 g) oval bis walzenförmig, tieforange, stark beschülfert, sehr dichter Fruchtansatz. Die Fruchtfarbe bleibt bis in den Winter hinein farbstabil. Sehr gutes Regenerationsvermögen, etwas windbruchgefährdet. Inhaltstoffe: Gesamtfruchtsäure 5,3 % (sehr hoch), Ascorbinsäure 260 mg/100 g, Carotin 12 mg/100 g, Öl 3,7 % sowie hoher Tokopherolgehalt (Vitamin E).
Hergo: Seit 1983 in Kultur; mittelfrüh, Fruchtreife September; mittelstark wachsend bis 4 m, gut verzweigt, wenig bedornt. Fruchtholz dünn, jedoch dicht mit Beeren besetzt, Fruchtäste biegen sich bei hohem Behang stark über. Hohe Erträge und sehr gutes Regenerationsvermögen, Früchte (100 Früchte = 30 g) oval bis walzenförmig, hellorange, ab Oktober verblassend. Inhaltstoffe: Gesamtfruchtsäure 3,5 %, Ascorbinsäure 150 mg/100 g, Carotin 5 mg/100 g, Öl 4,3 %.
Dorana: Seit 1990 in Kultur, mittelfrüh, Fruchtreife Ende August bis September; schwach aufrechter Wuchs (2–3 m), Seitenholz dünn,

wenig Ausläufer, schlechte Regeneration nach Rückschnitt. Früchte (100 Früchte = 23 g) oval bis birnenförmig, tieforange, mittelstark beschülfert, farbstabil, halten bis in den Winter am Strauch. Inhaltstoffe: Gesamtfruchtsäure 4,9 %, Ascorbinsäure 340 mg/100 g, Carotin 6,5 mg/100 g, Öl 3,4 %.

Orange Energy (Habego): Neue Sorte, Wuchs stark, breit-aufrecht mit ausladender Seitenverzweigung, mäßig bedornt. Früchte leuchtend gelborange, sehr farbstabil, gering beschülfert, groß (100 Früchte = 51 g), länglich-oval, dicht. Reifezeit mittelspät bis spät (Mitte bis Ende September). Regeneriert sich gut nach Schnitt, zuverlässig fruchtend, Früchte relativ gut pflückbar. Die Sträucher haben durch Wuchs und Fruchtbehang einen hohen dekorativen Wert und sind auch gut für Schmuckreisiggewinnung geeignet. Inhaltstoffe: Gesamtfruchtsäure 3,6 %, Ascorbinsäure 220 mg/100 g, Carotin 15 mg/100 g, Öl 5,4 % sowie hoher Tokopherolgehalt (Vitamin E).

Fruchtdetail der Sorte 'Hergo'

Sirola (S): Neue Sorte, Wuchs mittelstark, straff aufrecht, sehr gering bedornt, wenige Wurzelausläufer; gezüchtet durch H.-J. ALBRECHT, Berlin, aus Kreuzung einer sibirischen Sorte mit H. r. Pollmix; Früchte groß (100 Früchte = 55 g), länglich-oval bis walzenförmig, nur am Ende etwas beschülfert, rotorange, angenehm süß, Fruchtstiele relativ lang, dadurch gut pflückbar, bereits Ende Juli bis Anfang August reif – wegen Fruchtfärbung, guten Geschmacks und früher Reife empfehlenswert für den Privatgarten.

Sandora hipparth (S): Selbstfruchtbar, hohe Ernte mit nur einer Sanddornpflanze, da Beerenansatz ohne Befruchtung durch männliche Pflanze. Kräftig gelborange Beeren voller wertvoller gesunder Inhaltsstoffe, ohne Kerne. Sehr robuste, frostharte Pflanze.

Fruchtdetail der Sorte 'Dorana'

Pendulina: weiblich. Wegen der relativ langen Fruchtstielchen besonders geeignet zur Handpflücke. Früh reifend ab Mitte August. Sehr gesunde, vitaminreiche, wohlschmeckende Beeren, sehr robuste, frostharte Pflanze. Benötigt männliche Befruchtersorte.

Pollmix 1 bis ***Pollmix 4*** sind männliche Befruchtersorten, straff aufrecht bis breitbuschig wachsend, eher dicktriebig und schwach bedornt. Pollmix 1 blüht früh, Pollmix 2 und Pollmix 4 mittelfrüh, als letzter blüht Pollmix 3. (Pollmix 2 wird wegen seiner starken Bedornung nur noch wenig verwendet.)

Es gibt noch zahlreiche weitere Auslesen der Baumschule Berlin-Baumschulenweg mit höheren Inhaltsstoffgehalten, die jedoch noch nicht im Handel erhältlich sind. Weiters wurden vom Institut für Gartenbauliche Pflanzenzüchtung, Balsgard, Schweden, 1997 die Sorten ***Julia*** und ***Romeo*** selektiert. Auch am Lehrstuhl für Obstbau der TU München,

Weihenstephan, wird an Auslesen des Alpen-Sanddorns gearbeitet, die besonders hohe Gehalte an Vitamin C (bis 1.000 mg/100 g) und Carotin aufweisen.

Schwarzer Holunder (Sambucus nigra 'Haschberg') als Obstbaum in Vollblüte, aufgenommen in einer Holunderplantage

Schwarzer Holunder

Sambucus nigra (*Caprifoliaceae*, Geißblattgewächse)

Pflanzenmerkmale und Verbreitung: Der Schwarze Holunder ist in Europa, Westasien und Nordafrika verbreitet und kommt an Naturstandorten vom Tiefland bis in Höhenlagen von 1.500 m vor. Er ist ein Großstrauch oder kleiner Baum bis 7 m Höhe. Seine Äste mit den deutlich sichtbaren Lentizellen sind sehr auffällig, sie besitzen einen hohen Markanteil.

Die fünfzählig gefiederten Blätter sind oberseits dunkelgrün, unterseits heller blaugrün und verbreiten beim Zerreiben (wie auch die übrigen Pflanzenteile) einen etwas unangenehmen Geruch. Im Mai/Juni, nach dem Blattaustrieb, erscheinen die gelblich weißen, intensiv duftenden Blüten. Sie sind in flachen, doldenartigen Rispen (Trugdolden) zusammengefasst und können etwa 10–20 (–30) cm im Durchmesser erreichen.

Eignung: Der Schwarze Holunder ist eine alte Kulturpflanze, die bereits seit Jahrhunderten in Bauerngärten als Nutz- und Heilpflanze kultiviert wird. Er ist als Solitärstrauch oder -baum, als Großstrauch für freiwachsende Hecken und als Gruppenstrauch in größeren, naturnahen Gärten interessant. Weiters kann er zur Begrünung von Böschungen, Schuttplätzen und als Sichtschutz verwendet werden. Da er sehr anspruchslos, robust und frosthart ist und auch im Halbschatten noch gut gedeiht, kann er universell eingesetzt werden.

Der Holunder ist eine gute Bienenweide und dient Vögeln als Nahrungsquelle und Nistgelegenheit, daneben bietet er noch einer großen Anzahl von Schmetterlingen und Insekten Futter.

Detail der Holundersorte 'Haschberg' mit Früchten

Frucht: Die Früchte sind 5–7 mm große kugelige, schwarz glänzende, beerenartige Steinfrüchte und enthalten einen sehr stark färbenden Saft von tiefroter Farbe. Der reife Fruchtstand ist überhängend, die einzelnen Früchte innerhalb des Fruchtstandes reifen bei Wildvorkommen oft unregelmäßig und bei Kultursorten gleichmäßig. Bei letzteren sind die Fruchtstiele rötlich, grünlich oder weißlich gefärbt. Ab etwa Mitte August bis September setzt die Fruchtreife ein.

Holunderbeeren sind recht reich an Inhaltsstoffen: Fruchtzucker (14 % der Frischsubstanz), Vitamin C (20–100 mg/100 g), Fruchtsäuren, vor allem Apfel- und Weinsäure (2,8 %) und Mineralstoffe (Kalzium, Phosphor und Kalium; 6–10 g/l Presssaft). Die Samen enthalten das giftige Glycosid „Sambunigrin“.

Die Samen enthalten giftiges „Sambunigrin“!

Verwertung: Holunder ist für den Rohgenuss nicht geeignet, beim Erhitzen wird jedoch das giftige Sambunigrin zerstört. Bei der Gewinnung des Saftes muss man die Samen entfernen (z. B. durch Passieren). Der Saft eignet sich sehr gut als biologischer Färbesaft für die verschiedensten Verarbeitungsprodukte.

Hauptwirkungen des Holunders: schweißtreibend, schmerzlindernd, entzündungshemmend und immunstimulierend

Man kann daraus Marmelade, Gelee, Saft, Nektar, Wein, Likör, Branntwein, Bonbons, Punsch und Suppen bereiten. Holunder eignet sich auch für die Beimengung zu Milchprodukten. Die frischen Blüten werden für „Holundersekt“ verwendet, oder man bereitet daraus „Gebackene Holunderblüten“ (Hollerstrauben), indem man sie in Teig frittiert; auch Wein, Schaumwein und Branntwein lassen sich daraus bereiten.

Getrocknete Holunderblüten werden zu gesundheitsfördernden Tees und zur Herstellung homöopathischer Mittel verwendet. Blüten, Früchte, Blätter und die Rinde finden auch in der Pharmazie Verwendung. Früher hat man aus den Holunderbeeren sogar eine Tinte (Sambucin-Tinte) hergestellt.

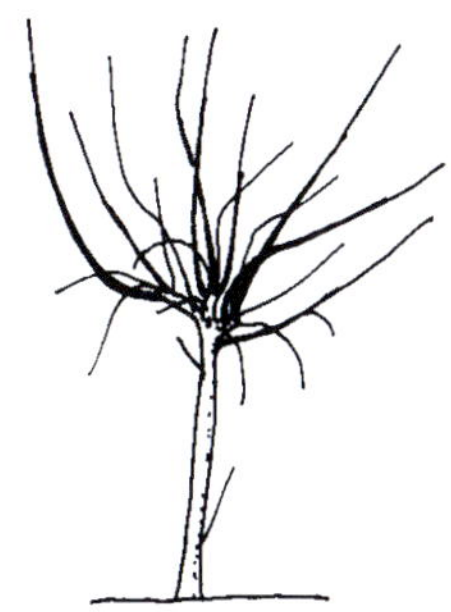

Holunder: Baum im Ertragsstadium vor dem Schnitt

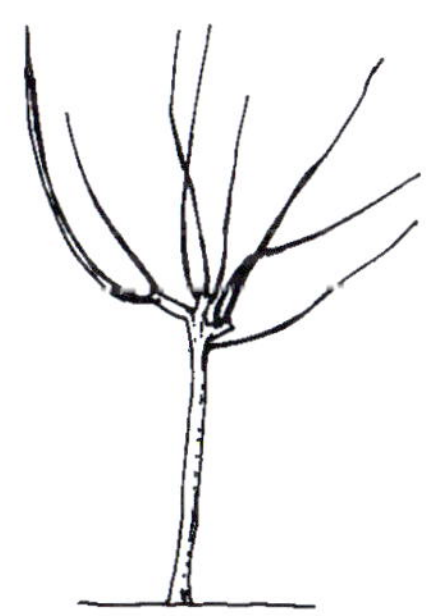

Holunder: Baum im Ertragsstadium nach dem Erhaltungsschnitt, etwa 7–10 kräftige Äste bleiben, zu dicht stehende sowie alle schwachen Triebe wurden entfernt

Standortansprüche und Pflege: An sich ist der Holunderstrauch anspruchslos, industriefest und mäßig salztolerant. Legt man jedoch Wert auf einen guten Fruchtertrag, dann sollte der Boden mäßig frisch, stickstoff- und humusreich sein, und die Niederschlagssumme sollte bei etwa 700 mm/Jahr liegen.

Man muss den Holunder nicht unbedingt schneiden, aber ein Zurückschneiden der abgetragenen Fruchtäste auf nahe der Basis wachsende Jungäste (Fruchtasterneuerung) fördert den Fruchtertrag beträchtlich. An den Enden von Kurztrieben, die sich an vorjährigen Langtrieben entwickeln, werden die Blütendolden gebildet.

Krankheiten und Schädlinge: Holunderblattläuse sind die häufigsten Schädlinge beim Holunder, sie verursachen verdrehte und später verkrüppelte Triebe. Auch Gallmilben, Virosen, Stiellähme und Botrytis können auftreten.

Vermehrung und Anzucht: Holunder lässt sich einfach durch Steckholz, Abrisse oder Stecklinge vermehren. Es sollte allerdings nur virusfreies Pflanzenmaterial verwendet werden – die Wildvorkommen sind stark virusverseucht.

Detail der Holundersorte 'Haschberg' mit Früchten

Sorten und Auslesen: Mittlerweile gibt es zahlreiche Holundersorten, die auch plantagenmäßig angebaut werden. Einige Sorten sollen hier kurz vorgestellt werden.

Haschberg (Selektion der HBLA Klosterneuburg): Stark wachsende Sorte mit guter Eignung zur Stammerziehung, mittelgroße Blätter, Blüte Anfang Juni, Fruchtreife Anfang bis Mitte September, sehr große Dolden mit kleinen, blauschwarzen, glänzenden Früchten, regelmäßiger Ertrag und hoher Farbstoffgehalt.

Donau: Stark aufrecht wachsende Sorte mit großen Blättern, Blüte Anfang Juni und Reife Ende August bis Anfang September, große Fruchtdolden mit mittelgroßen Früchten, gleichmäßige Reife.

Mammut: Starkwüchsig, eher aufrecht, mittelgroße Dolden mit gleichmäßig reifenden Früchten, rotstielig, Fruchtsaft sehr farbintensiv und dunkelviolettrot.

Sampo: Mittelstarker, straff-aufrechter Wuchs, hohe Erträge (bis 32 kg/Pflanze), Reife sehr früh (ab Mitte August), mittlerer bis hoher Farbstoffgehalt, besonders intensives Aroma, neigt etwas zum „Rieseln". Für die Verwendung im Garten geeignet.

Sambucus nigra var. albida: Varietät mit grüngelben, fruchtigen Beeren, Verwertung wie beim Schwarzen Holunder.

Es gibt noch zahlreiche weitere Auslesen und Sorten aus Österreich, Dänemark (***Samyl, Samidor, Samdal***), der Schweiz, Deutschland, den Niederlanden, Belgien, der Slowakei, Rumänien und Ungarn (siehe Beerenobst). Es lassen sich auch die Früchte der Zierformen (***Laciniata, Variegata und Purpurea, Black Lace, Black Beauty***) verwerten, allerdings ist der Ertrag bei diesen Sorten gering. Auch die Inhaltsstoffe sind nicht in dem Ausmaß vorhanden wie bei den Fruchtsorten.

Weitere Arten

Fruchtdetail des Traubenholunder

Traubenholunder oder Roter Holunder *(Sambucus racemosa)*

Ist von Europa bis Westasien heimisch, entwickelt sich zu einem 1–3 m hohen Strauch mit bräunlichem Mark in den Trieben. Die Blüten sind in kegelförmigen Rispen angeordnet, von gelblich grüner Farbe und öffnen sich während des Austriebes. Die auffällig leuchtend roten, in Trauben angeordneten Beeren reifen ab Juli/August. Die Früchte können (nach Entfernung der Samen) für Marmeladen, Gelees, Säfte vorwiegend in Mischung mit anderen Fruchtarten verarbeitet und zum Verschnitt von Rhabarber- und Birnensaft verwendet werden. Der Rote Holunder kann in Hecken oder Gruppenpflanzungen eingebracht oder zur Bodenfestigung auf Böschungen ausgepflanzt werden. Wichtig ist der Hinweis, dass diese Art (im Gegensatz zum Schwarzen Holunder) kalkmeidend sowie empfindlich gegenüber Trockenheit, Hitze und Salzbelastungen ist.

Bei der Verwertung der Früchte unbedingt die Samen entfernen!

Eingriffeliger Weißdorn

Crataegus monogyna (*Rosaceae,* Rosengewächse)

Blühende Weißdornsträucher als Elemente naturnaher Heckenlandschaften (Crataegus monogyna)

Pflanzenmerkmale und Verbreitung: Verbreitung von Europa bis Westasien und Nordafrika, kommt an sonnigen Waldrändern, in natürlichen Hecken und Gebüschen, an felsigen Hängen, in Laub- und Nadelmischwäldern in Höhen bis zu 1.300 m vor.

Der Weißdorn ist ein sommergrüner, bedornter Großstrauch von 6–8 m, kann auch baumförmig und mitunter bis zu 10 m (–15 m) hoch wachsen und dabei sehr alt (mehr als 100 Jahre) werden. Junge Pflanzen wachsen oft sehr sparrig, dagegen können alte Exemplare recht malerische Wuchsformen aufweisen. Seine eirunden Blätter sind etwa 1–3 cm groß, oft bis zur Mittelrippe eingeschnitten und dunkelgrün gefärbt. Sie können im Herbst gelb oder tiefrot gefärbt sein. Die in endständigen Schirmrispen angeordneten weißen Blüten erscheinen im Mai in großen Mengen.

Eignung: Die heimischen Weißdornarten sind sehr anpassungsfähige Gehölze (Bodenfestiger) für Landschaft und größere Hausgärten (hier besonders auch für extremere Situationen, Böschungen, als Solitärbaum, für dichte, undurchdringliche Hecken etc.).

Sie haben auch einen sehr hohen ökologischen Wert, denn die Blätter und nektarreichen Blüten bieten Nahrung für zahlreiche Schmetterlinge. Der Weißdorn ist auch ein wichtiges Vogelschutz- und -nährgehölz und wird auch von Säugern und zahlreichen Insekten angenommen. Allein dessen Anfälligkeit auf Feuerbrand ist zu berücksichtigen.

Früchte verschiedener Crataegusarten

Frucht: Die apfelartigen, etwa 8–9 mm großen dunkelroten Früchte reifen im September/Oktober. Sie sind essbar, besitzen nur einen Steinkern und schmecken mehlig fade. Sie enthalten Flavonoide, Carotinoide, Anthocyanfarbstoffe, Gerbstoffe, Vitamin C (bis 230 mg/100 g), ätherische Öle, Pektin, Zucker (bis 19 g/100 g), Eiweiß und Mineralstoffe.

Detail des Weißdorns mit Blättern und Früchten

Verwertung: Das Fruchtfleisch schmeckt roh mehlig und fade, mitunter etwas süß-säuerlich. Es eignet sich gemischt mit anderen, insbesondere pektinarmen, Früchten wie Brombeere und Holunder zur Herstellung von Gelees, Marmeladen, Kompott sowie zur Bereitung von Süßmost und Limonaden.

Getrocknete Früchte wurden in Notzeiten gemahlen und als Mehlzusatz beim Brotbacken verwendet. Daher stammen auch die in manchen Regionen verwendeten Bezeichnungen „Mehlbeere", „Mehlfässel" und „Mehldorn".

Die in Blüten, Blättern und Früchten enthaltenen Substanzen werden zur Herstellung von Medikamenten und homöopathischen Mitteln für Herz und Kreislauf (sie wirken gefäßerweiternd, blutdrucksenkend und entzündungshemmend) verwendet.

Standortansprüche und Pflege: Der Weißdorn stellt keine besonderen Ansprüche an Boden und Klima, er ist anpassungsfähig und kalkliebend, bevorzugt jedoch offene, sonnige Lagen und mittelschwere, eher tiefgründige, nahrhafte Böden. Schnittmaßnahmen sind in der Regel nicht nötig, doch besitzt der Weißdorn ein sehr gutes Regenerationsvermögen.

Leider eine der Feuerbrand-Wirtspflanzen!

Krankheiten und Schädlinge: Der Weißdorn wird von zahlreichen Krankheiten und Schädlingen, ähnlich jenen der Obstbäume, befallen. Gefährlich ist vor allem der in letzter Zeit auch bei uns verstärkt auftretende Feuerbrand (*Erwinia amylovora*). Im Falle des Auftretens dieser Krankheit sind die Pflanzen sofort zu roden und zu vernichten. Infektionen erfolgen vorwiegend über die Blüte, infizierte Triebe welken und vertrocknen. Die vertrockneten Triebspitzen hängen herab. Weißdorn sollte nicht in der Nähe von Obstplantagen oder Baumschulen ausgepflanzt werden.

Vermehrung und Anzucht: Die Samen müssen gleich nach der Ernte ausgewaschen werden, Aussaat nach Stratifizieren der Samen. Ältere Pflanzen lassen sich schlecht verpflanzen. Veredelte Gehölze beginnen früher zu fruchten als Sämlinge. Eine Vermehrung durch Absenker oder Stockteilung ist ebenfalls möglich. Der Weißdorn wird auch als Unterlage für andere Vertreter der Rosengewächse (z. B. *Sorbus*, *Amelanchier* etc.) verwendet.

Sorten und Auslesen: Fruchtauslesen von *Crataegus monogyna* sind nicht bekannt, allerdings einige Zierformen.

Weitere Arten

Zweigriffeliger Weißdorn *(Crataegus laevigata, Syn.: C. oxyacantha)*

Kommt von Europa bis Nordafrika vor, wird 2–6 m (bis 10 m) hoch und bis zu 6 m breit. Blätter eiförmig und höchstens bis zur Mittelrippe eingeschnitten. Blüten im Mai, etwa 2 Wochen früher als *C. monogyna*, mit 2 (seltener 1 oder 3) Griffeln. Früchte länglich (ca. 1 cm), blutrot, mit 2 (1–3) Samen. Verwertung der Früchte wie *C. monogyna*. Zahlreiche Zierformen, darunter der bekannte ***Echte Rotdorn*** (*C. laevigata* ***Paul's Scarlet***). *C. laevigata* ***Autumn Glory*** hat besonders große, glänzende Früchte und ist relativ mehltaufrei.

Azarole, Azaroldorn oder Azarolapfel (*Crataegus azarolus*)

Stammt aus Westasien und ist im Mittelmeerraum vielfach in Kultur, früher war der Azarolapfel auch nördlich der Alpen als Obstgehölz weit verbreitet. Er wächst zu einem kleinen Baum heran, dessen Früchte 2–3 cm groß werden. Sie können rundlich, birnenförmig oder mispelähnlich sein, ihre Farbe kann von Rot bis Gelblich-weiß variieren. Das hellgelbe bis orange Fruchtfleisch schmeckt süß-säuerlich (apfelähnlich). Sehr hoher Vitamin-C-Gehalt! Die Früchte werden entweder frisch (mit Zucker) oder mit Honig konserviert gegessen. Sie dienen auch zur Herstellung von Konfitüren, Kompotten, Likören und Backwaren.

Früchte des Azarolapfels (Crataegus azarolus)

Chinesischer Weißdorn *(Crataegus pinnatifida var. major)*

Herkunft: China; wird dort seit etwa 2.000 Jahren als Kulturpflanze angebaut, ist bei uns nur in botanischen Sammlungen anzutreffen. Wird etwa 4–7 m hoch, besitzt bis zu 8 cm große, tief eingeschnittene Blätter und bringt zahlreiche bis zu 3 cm große, rundliche leuchtend rote, feinpunktierte Früchte. Sie können roh gegessen werden (mehlig, säuerlicher Geschmack) und dienen zur Herstellung verschiedener Produkte wie Gelee, Marmelade, weichen Kaubonbons und kandierten Weißdornfrüchten. Sogar Saft und Weißdornwein werden in dessen Heimatländern daraus bereitet. Die Früchte besitzen sehr viele interessante Inhaltsstoffe von pharmakologischer Bedeutung. Dazu werden die Früchte im Herbst geerntet, in Stücke geschnitten und getrocknet. Wird in der Volksmedizin bei Verdauungsstörungen und Durchfall-Erkrankungen verwendet).

Früchte des Chinesischen Weißdorns (Cataegus pinnatifida var. major)

Habitus eines gut entwickelten Apfeldorns (Crataegus x lavallei) (links)
Zweigdetail mit Früchten des Pflaumendorns (oben)

Apfeldorn *(Crataegus x lavallei)*

Hybride mit stark glänzendem Laub, großen, bis in den Dezember am Strauch haftenden, orangeroten Früchten.

Pflaumendorn *(Crataegus x prunifolia)*

Weitere Hybride mit bis zu 7 cm langen gekrümmten Dornen und reichem Fruchtbehang.

Wildapfel und Zierapfel

Malus-Arten und -Sorten sowie *Malus*-Hybriden (*Rosaceae*, Rosengewächse)

Pflanzenmerkmale und Verbreitung: Die etwa 35 verschiedenen Wildapfelarten sind von Asien über Europa bis nach Nordamerika verbreitet. Neben dem eigentlichen heimischen Wildapfel werden etwa 10 weitere Apfelarten und zahlreiche Hybriden als Ziergehölze in unseren Gärten und Parkanlagen verwendet.

Prachtvolle Blütenbäume mit herbstlichem Fruchtschmuck für den Garten

Die meisten Zieräpfel wachsen strauch- bis baumförmig und können 4–6 (–8) m hoch werden, wobei Kronendurchmesser von 3–4 (–5) m erreicht werden. Die Blütenfarbe variiert je nach Art und Sorte von Weiß über Rosa bis Dunkelrot. Auch die Blütengröße ist sortenabhängig, sie beträgt in der Regel etwa 2,5–3,5 cm. Blütezeit ist der Mai, wobei die Blüte sich bis Anfang Juni erstrecken kann. Neben normalen grünlaubigen Formen gibt es auch rotlaubige Sorten.

Eignung: Zieräpfel sind reich blühende, kleinkronige Bäume oder Sträucher, die im Hausgarten als Solitärgehölze kaum mehr wegzudenken sind. Als Blickfang kommen sie besonders im Vorgarten gut zur Geltung, denn Wuchs, Blüte und Fruchtbehang sind äußerst attraktiv.

Sie benötigen mittelschwere Böden, die gut mit Nährstoffen versorgt und mäßig feucht sein sollten. Der Standort sollte sonnig sein. Die Zieräpfel sind auch gut frosthart und können somit auch in kühleren Regionen gepflanzt werden. Sie sind gute Bienenweiden sowie als Pollenspender für Kulturapfelsorten geeignet.

Junger Zierapfelbaum (Malus-Hybride) der Sorte 'John Downie' mit essbaren Früchten

Frucht: Die Früchte sind etwa 1,5–3,5 cm groß, variieren natürlich je nach Sorte. Auch Form und Fruchtfarbe sind recht unterschiedlich. Sie können gelb sowie gelbrot bis dunkelrot ausgefärbt sein und bereits ab September abfallen oder bis lange in den Winter hinein an den Bäumen verbleiben. Auch bezüglich Geschmack und Bekömmlichkeit gibt es große Unterschiede.

An Inhaltsstoffen sind Kohlenhydrate, insbesondere Zucker, aber auch die Vitamine A, B und C in geringen Mengen sowie organische Säuren, Mineralstoffe und Gerbstoffe zu nennen.

Verwertung: Die Früchte eignen sich prinzipiell zur Herstellung von Most und Apfelwein, aber auch Schnäpse, Marmeladen und Gelees, vorwiegend in Mischungen, sind bekömmlich. Sie sind auch als Kompott gut verwertbar. Die Früchte des Wildapfels sollen auch für therapeutische und Medizinalzwecke geeignet sein. Die Schalen sind Bestandteil von Apfelschalentees und Kräutermischungen.

Früchte des Holzapfels (Malus sylvestris)

Standortansprüche und Pflege: Der Zierapfel stellt keine besonderen Bodenansprüche. Nährstoffreiche, mittelschwere, gut durchlüftete Lehmböden mit mäßiger Bodenfeuchte sind günstig. Sonnige bis halbschattige Lagen werden bevorzugt. Schnittmaßnahmen sind nur bei Jungbäumen empfehlenswert (Aufbauschnitt), später sollte nur mehr im Bedarfsfall geschnitten werden.

Krankheiten und Schädlinge: Manche Sorten sind mehltau- oder schorfanfällig.

Vermehrung und Anzucht: Reine Wildformen lassen sich durch Samen (müssen stratifiziert werden) vermehren, Sorten und Hybriden werden durch Veredelung vermehrt.

Wohlschmeckende und attraktive Früchte der Zierapfelsorte 'John Downie' (Malus-Hybride)

Sorten und Auslesen:

Holzapfel, Wildapfel *(Malus sylvestris)*: Bis 10 m hoch wachsender Baum mit stumpf-dunkelgrünen Blättern, Triebe oft in Dornen endend, Blüten weiß, außen rosa überlaufend, April bis Mai, gering selbstbefruchtend. Frucht bis 3 cm große, feste, gelbgrüne, herb-säuerlich schmeckende Äpfel.

John Downie: 1875 in England entstanden, große weiße Blüten (– 4,5 cm), Früchte bis 4 cm lang und 3 cm dick, länglich, orangerot gefärbt, sehr früh reifend und bald abfallend. Die Früchte sind wohlschmeckend, süß, besitzen einen hohen Pektingehalt und sind besonders für Mus- und Kompottzubereitung interessant. Hoher Zierwert, kaum anfällig für Schorf.

Innerhalb des ungemein umfangreichen Zierapfelsortiments gibt es natürlich noch viele Sorten, deren Früchte sich für eine Verwertung anbieten, dies hier weiter auszuführen, würde aber den Rahmen des Buches sprengen.

Mittelgroße Sträucher

Innerhalb dieser Gruppe gibt es Pflanzen für die unterschiedlichsten Bereiche im Garten. Sie variieren sowohl bezüglich ihrer Größe als auch Wuchsformen und ihrem Ausbreitungsdrang recht stark. Vom reinen Blütenstrauch bis zur Böschungspflanze, von der schattentoleranten Brombeere bis zum hitze- und sonnenliebenden Schlehdorn reicht die Auswahl – für jeden Standort im Garten ist etwas dabei. Die Pflanzen dieser Kategorie wird man zumeist in kleinen Gruppen oder in größerer Anzahl im Garten unterbringen, insbesondere in Wildobst- und Wildgehölzhecken.

Apfelbeere, Schwarzfrüchtige Apfelbeere

Aronia melanocarpa (*Rosaceae*, Rosengewächse)

Pflanzenmerkmale und Verbreitung: Die Apfelbeere stammt aus dem östlichen Nordamerika. Sie wurde um 1900 zu Züchtungszwecken von Deutschland nach Russland importiert. Die Apfelbeere ist ein sommergrüner, locker aufrechter, mehrtriebiger, etwas Ausläufer bildender Strauch von 1,5 m (bis 2 m) Wuchshöhe mit relativ dünnen, durch das Fruchtgewicht überhängenden Trieben.

Seine elliptisch- bis verkehrt-eiförmigen, 2,5–5 cm langen, wechselständig angeordneten Blätter sind oberseits glänzend grün und verfärben

Korea-Berberitze (*Berberis koreana*)

sich im Herbst leuchtend wein- bis dunkelrot. 10–20 etwa 1–1,5 cm große, weiße Einzelblüten sind zu Doldentrauben zusammengefasst und entwickeln sich im Mai überwiegend am Ende kurzer, einjähriger Seitentriebe.

Eignung: Apfelbeeren sind sehr frostharte, anspruchslose und anpassungsfähige Gehölze für Hecken, Gruppen und zur Einzelstellung im Garten. Sie bevorzugen eher kalkarme Standorte in vollsonniger Lage und gedeihen in kälteren bzw. in höheren Lagen noch recht gut. Wegen ihrer weißen Blüten im Mai bzw. ihrer verwertbaren Früchte und der schönen weinroten bis dunkelroten Herbstfärbung sind sie sehr empfehlenswert. Wertvolles Insekten- und Vogelnährgehölz.

Frucht: Zuerst rötlich, dann glänzend (violett-)schwarze, apfelähnliche, kugelige, ca. 12 mm dicke, 0,6–1,0 g schwere Sammelscheinfrucht, die in Form und Größe stark an die Früchte der Eberesche erinnert. Schale und Fruchtfleisch sind fest, herb-süßlich, der Saft stark färbend. Fruchtreife Anfang bis Ende August. Erträge von 10–17 kg pro Strauch sind möglich.

An Inhaltsstoffen sind vor allem der dunkelrote, stark färbende Farbstoff Anthocyan, (850 mg/100 g), Vitamin C (10–30 mg/100 g) sowie die Vitamine B_2, B_9, E und P erwähnenswert, weiters der geringe Säure- (1 %) und hohe Zuckergehalt (ca. 10–19 %).

Fruchtender Strauch der Schwarzfrüchtigen Apfelbeere (Aronia x prunifolia) (rechts oben)
Blühender Zweig der Schwarzfrüchtigen Apfelbeere (Aronia x prunifolia) (rechts unten)
Früchte der Apfelbeere (oben)

Biologischer Farbstoff für Lebensmittel, Marmelade- uns Saftbereitung

Verwertung: Die Früchte sind essbar, schmecken im Rohzustand jedoch adstringierend, sind also für den Rohgenuss nicht sonderlich empfehlenswert. Der Presssaft (Saftausbeute 75 %) eignet sich jedoch hervorragend als biologischer Färbesaft (5–7 % zu hellen Säften) für Schaumweine, Aperitifs, Cocktails, Liköre und andere alkoholische Getränke sowie zur Geleeherstellung. Wird auch für Molkereiprodukte (Joghurt etc.) sowie in der Süß- und Backwarenindustrie verwendet. Im Privathaushalt lassen sich die Früchte gut zu Mischmarmeladen verarbeiten. Die Früchte werden gerne von Vögeln gefressen. Früchte und Blätter scheinen auch wertvolle pharmazeutische Eigenschaften zu besitzen.

Auch in sehr kalten Regionen (bis nach Russland!) noch gut verwendbar

Standortansprüche und Pflege: Apfelbeeren stellen keine besonderen Ansprüche an Boden und Klima und sind sehr gut frosthart (bis –30 °C, werden unter anderem auch in Schweden und Finnland angebaut). Optimal sind Standorte mit genügender Boden- und Luftfeuchte (500–600 mm Jahresniederschlag). Hoher Kalkgehalt in Kombination mit Trockenheit wirkt sich ungünstig aus. Ansonsten sind Apfelbeeren sehr anpassungsfähig an verschiedene Bodenverhältnisse.

Krankheiten und Schädlinge: Kaum beobachtet, selten Frostspanner und Ebereschenmotte.

Vermehrung und Anzucht: Vermehrung durch Samen ist möglich, Selektionen und Sorten müssen jedoch vegetativ durch Stecklinge vermehrt werden. Auch Ableger und Abrisse sind möglich. Interessant für die Verwendung im Hausgarten sind neben den Sträuchern auch Meterstämme (Unterlage: *Sorbus aucuparia*, Pfropfen hinter die Rinde). Schnittmaßnahmen beschränken sich auf ein Auslichten (ähnlich wie bei Ribiseln – kontinuierliche Fruchtasterneuerung).

Sorten und Auslesen: Die echte „Schwarze Apfelbeere" (*Aronia melanocarpa*) zeichnet sich durch 6–10 mm große, glänzend schwarze Früchte und kleinere, schmälere Blätter aus. Die Pflanzen sind nicht behaart (Hop, 1999). Demnach wird heute nur noch die Sorte 'Hugin' der Art *A. melanocarpa* zugerechnet.
Hugin: Apomiktische Sorte aus Schweden, reich tragend, sehr winterhart, sortenechte Vermehrung durch Samen möglich.

Alle folgenden Sorten werden als apomyktische Hybriden mit tetraploidem Chromosomensatz zwischen A. arbutifolia und A. melanocarpa angesehen und nunmehr A. x prunifolia zugerechnet. Sie zeichnen sich durch größere Blätter, Früchte von 1,0–1,5 g von violettschwarzer Farbe (wenig glänzend) aus. Die Sträucher sind leicht behaart.

Viking: Finnische Sorte, Fruchtgewicht ca. 1,5 g, Früchte vorwiegend an Triebenden, diese deshalb zur Erntezeit überhängend, ansonsten ähnlich Nero.

Nero: Wuchs etwas aufrechter als bei der Wildform, größere Doldentrauben, Fruchtgewicht 1,0–1,5 g, spät reifend.

Rubina: In Ungarn gezüchtete Sorte – Kreuzung aus Viking mit einer russischen Sorte (Züchter: Vellnagel, Sortenschutz), früh reifende Sorte mit größeren Früchten (1,2–1,8 g), hoch wachsender Strauch.

Aron: Aus Dänemark stammende Sorte, reich fruchtend, Früchte etwas kleiner, sonst wie A. *x prunifolia*.

Königshof: Reich fruchtende Selektion mit mittelgroßen Früchten von 1,5 g (Selektion der HBLFA – Schönbrunn).

Fruchtender Zweig von A. x prunifolia 'Viking' (oben) und Aronia melanocarpa 'Hugin' (unten)

Gemeine Berberitze, Sauerdorn

Berberis vulgaris (*Berberidaceae,* Berberitzengewächse)
Weitere Namen: Essigbeere, Essibei, Poaßlpei, Baißelbeere, Weinscharln, Dreidorn, Spießdorn, Hageldorn, Spitzbeere, Erbsele, Reißbeere

Pflanzenmerkmale und Verbreitung: Das natürliche Verbreitungsgebiet der Berberitze erstreckt sich von Süd-, West- und Mitteleuropa bis nach Kleinasien. Sie kommt von den Niederungen bis in 2.500 m Höhe vor, meist an sonnigen Waldrändern, Hecken oder freistehenden Strauchgruppen.

Berberitzen sind sommergrüne, etwa 2,5–3 m hohe, dichttriebige Sträucher mit bogig nach außen überhängenden Zweigen. Ausläuferbildung, dadurch im Alter zu Dickichten heranwachsend. An den Langtrieben befinden sich bis zu 2 cm lange, dreiteilige Blattdornen und an der Basis wechselständig oder büschelig angeordnete Blätter. Diese sind verkehrt-eiförmig bis länglich, bis 4 cm lang, derb. Die Blattränder sind stachelig gezähnt und weisen im Herbst eine gelblich orangerote Färbung auf. Die leuchtendgelben, stark duftenden Blüten erscheinen im Mai/Juni in bis zu 7 cm langen hängenden Trauben. Eine biologische Besonderheit sind die leicht reizbaren Staubblätter, die bei geringfügiger Berührung nach innen zur Narbe hin schnellen.

Holz, Rinde und die gelbe Wurzel sind giftig! Sie enthalten die schwach giftigen Alkaloide Berberin, Oxyberberin und Bervulcin und wurden früher zum Gelbfärben von Leder, Wolle, Seide und Holz benutzt. Die Berberitze ist auch Zwischenwirt des Getreiderostes *(Puccinia graminis)*.

Reich mit Blüten besetzte Zweige des Gemeinen Sauerdorns

Eignung: Berberitzen sind insgesamt anspruchslose, anpassungsfähige Sträucher, die auch für Böschungen und Extremstandorte verwendet werden können. Als Gruppen- und Heckensträucher, auch für geschnittene Hecken, sind sie verwendbar. Darüber hinaus sind sie ökologisch sehr wertvoll, sowohl als Vogelschutz-, -nähr- und -nistgehölz als auch als wichtige Insektenweide.

Frucht: Sauerdornfrüchte sind länglich-ovale, 8–12 mm lange, walzenförmige, leuchtend rote Beeren mit 2–3 Samen und reifen etwa ab September und sind essbar. Das Fruchtfleisch ist jedoch sehr säuerlich, wobei die Säure durch Frosteinwirkung etwas gemildert wird. Die Früchte enthalten Fruchtsäuren (Zitronen-, Weinstein- und Apfelsäure, etwa 3,1 g/100 g), Zucker (5,5 g/100 g) und 20 mg/100 g Vitamin C. Wegen der dornigen Triebe sind die Früchte jedoch schwer zu ernten.

Verwertung: Man kann die sehr säuerlichen Früchte nach Frosteinwirkung roh (mit Zucker) verzehren, die Samen sollten nicht gegessen werden. Vorwiegend finden die Früchte jedoch Verwendung als Säure- und Aromaträger in Gelees, Mehrfruchtmarmeladen und Süßmost aus Süßfrüchten (z. B. Birne, bestimmte Apfelsorten und Südfrüchte).

Auch Honigwein, Essig und Branntwein lassen sich aus den Früchten herstellen. Besonders die aus den Beeren gewonnenen Säfte wirken erfrischend. Sie dienten früher in der Volksheilkunde als Erfrischungsmittel für Fieberkranke und sollen darüber hinaus bei Lungen-, Leber- und Darmerkrankungen helfen.

Getrocknete Berberitzenfrüchte sind ein wesentlicher Bestandteil der persischen Küche

In Persien werden leicht getrocknete, scheinbar samenlose Berberitzenfrüchte überall auf den Märkten verkauft, sie sind wichtiger Bestandteil der persischen Küche. Diese Früchte schmecken fein säuerlich und weisen ein sehr gutes Aroma auf.

Standortansprüche und Pflege: Berberitzen sind nicht sehr wählerisch, was den Standort betrifft. Sie kommen noch mit sehr trockenen, stark kalkhaltigen Böden gut zurecht. Ihr Wurzelsystem ist dicht, flach ausgebreitet und weitreichend, der Feinwurzelanteil ist hoch. Damit eignet sich die Berberitze auch für sonst schwer bepflanzbare Pionierstandorte. Als Schnittmaßnahme ist die Entfernung älterer Triebe angebracht, damit ständig junge Triebe eine gute Blüten- und Fruchtentwicklung ermöglichen.

Krankheiten und Schädlinge: Neben dem Auftreten des Getreiderostes, dessen Zwischenwirt die Berberitze ist, treten noch gelegentlich Raupen der Berberis-Blattwespe (Juni) auf.

Vermehrung und Anzucht: Berberitzen lassen sich leicht durch Samen vermehren. Benötigt man nur einzelne Pflanzen, kann man auch Wurzelausläufer oder Absenker verwenden. Auch die Vermehrung durch Grünstecklinge ist möglich.

Sorten und Auslesen:
Dulcis: Die Früchte dieser Sorte sind nur wenig sauer bis süß.
Asperma: Hierbei handelt es sich um eine samenlose Sorte. Aus ihren Früchten wird in Frankreich die „Confiture d'épine vinette" hergestellt.

Fruchtender Zweig des Koreanischen Frucht-Sauerdorns

Weitere Arten

Korea-Berberitze *(Berberis koreana)*

Sie ähnelt unserer heimischen Berberitze, wird bis zu 2 m hoch und ebenso breit, besitzt etwas größere (7–9 cm) Blätter und weist ebenfalls eine gelborange Herbstfärbung auf. Blütenfarbe gelb, etwas größere Blütentrauben, reich blühend. Früchte leuchtend rubinrot, glänzend, elliptisch bis walzenförmig, in bis zu 8 cm langen Trauben angeordnet. Bleiben bis lange in den Winter hinein (nach dem Laubfall) an den Sträuchern, sind leichter zu beernten als die heimische Berberitze. Auch ihre Früchte weisen einen hohen Vitamin-C- und Fruchtsäuregehalt (bis 11 %) auf. Von dieser Art gibt es zwei Sorten (Baumschule Berlin – Baumschulenweg): ***Rubin*** und ***Azisa***.

Frisch geerntete Früchte des Koreanischen Frucht-Sauerdorns

Die Früchte anderer Berberitzenarten bzw. deren Zierformen sind für den Rohgenuss und für Verwertungszwecke nicht zu empfehlen.

In Patagonien wächst der ***Calafate-Strauch*** *(Berberis buxifolia)*. Von diesem Strauch sagt man, dass jeder der von diesem Strauch nascht, wieder zurückkommt. In deren Heimat (Argentinien und Chile) wird aus den Früchten Saft und Likör und Marmelade bereitet. Man kann die Früchte auch roh essen, sie schmecken leicht sauer und etwas adstringierend. Dass in den Früchten enthaltene Berberin soll eine antibakterielle Wirkung aufweisen. Die Pflanzen sind bis etwa –15 °C winterhart.

Goji-Beere, Wolfsbeere

Goji oder Wolfsbeere (Lycium barbarum): Detail mit Früchten

Lycium barbarum (*Solanaceae,* Nachtschattengewächse)
Weitere Namen: Gemeiner Bocksdorn, Wolfberry

Pflanzenmerkmale und Verbreitung: Der Bocksdorn oder die Wolfsbeere wächst zu einem 2–3,5 m hohen Strauch mit langen, bogig bis schleppenartig rutenartig überhängenden Zweigen, oft spreizklimmend in andere Sträucher hinein. Seitliche Kurztriebe oft in Dornen endend. Blätter länglich lanzettlich, 3–10 cm lang, anfangs behaart, verkahlend, beiderseits graugrün. Die Blüten sind purpurn bis violett, etwa 1 cm lang, und blühen von Mai bis September. Ist von Südosteuropa bis China heimisch, in Europa eingebürgert.

Getrocknete Früchte der Wolfsbeere (Lycium barbarum)

Eignung: Die Goji-Pflanze wird in China bereits seit Jahrtausenden kultiviert und in der Provinz Ningxia in Plantagen für die Fruchtgewinnung angebaut.

Frucht: Etwa 1–2 cm große, längliche, glänzend orangerote bis scharlachrote Frucht. Die Früchte enthalten pro 100 g getrockneter Früchten 67,7 g Kohlehydrate, 11,7 g Protein und 8,2 g Fett. Darüber hinaus enthalten sie noch viele Mineralstoffe: 112 mg Kalzium, 29 mg Vitamin C, 11 mg Aminosäuren und 11,7 g Protein. Sie enthalten auch noch viel Vitamin B, Spurenelemente und Antioxidantien.

Goji oder Wolfsbeere (Lycium barbarum): Fruchtende Sträucher in der Plantage

Verwertung: Die Beeren werden als getrocknete Früchte am Markt angeboten. Sie sind etwa von der Größe von Rosinen, von kräftig roter Farbe, schmecken süß mit einem schwer definierbaren, nicht unangenehmen Beigeschmack. Darüber hinaus werden die Früchte zu Saft, Wein, Essig, Likör, Tee, Marmelade, Schokolade, Müsliriegeln etc. verarbeitet.

Standortansprüche und Pflege: Sehr anspruchslose und anpassungsfähige Pflanze. Wuchert. Um Früchte zu gewinnen, sollte sie geschnitten werden. Die Triebe sollten im ersten Jahr bis auf 60 cm eingekürzt werden. Insgesamt sollten nur sechs Haupttriebe belassen werden. Die Sträucher fruchten ab dem dritten Jahr.

Krankheiten und Schädlinge: Mehltaugefährdet.

Vermehrung und Anzucht: Die Vermehrung erfolgt einfach durch Stecklinge oder Ausläufer. Die Pflanzen sind sehr rasch wüchsig.

Sorten und Auslesen: ***Big Lifeberry, No. 1 Lifeberry, Sweet Lifeberry.***

Goji oder Wolfsbeere (Lycium barbarum): Zweig mit Blättern und Blüten

Wilde Brombeere

Rubus fruticosus (*Rosaceae,* Rosengewächse)

Pflanzenmerkmale und Verbreitung: Brombeeren sind eine sehr formenreiche Gruppe auf der nördlichen Halbkugel mit zahlreichen schwer unterscheidbaren Formen und Unterarten. Sie wachsen auf Kahlschlägen, an Waldrändern und auf Schutthalden vom Flachland bis in Höhenlagen von 1.700 m Seehöhe.

Bei der in Europa heimischen Wilden Brombeere handelt es sich um sommergrüne bis wintergrüne Halbsträucher, die mit bogig überhängenden Trieben vorwiegend kriechend oder mit ihren meist mit Stacheln bewehrten Trieben aufrecht (Spreizklimer) wachsen und dabei bis zu 3 m hoch und breit werden können. Sie bilden im ersten Vegetationsjahr Triebe ohne Blüten aus, erst im zweiten Jahr entwickeln sie an diesen Kurztriebe mit Blüten. Diese Triebe sterben, nachdem sie gefruchtet haben, ab.

Brombeerpflanze mit Blättern und Früchten am natürlichen Standort (Rubus futicosus)

Ihre meist fünfzähligen Blätter sind oberseits glänzend oder mattgrün, unterseits graugrün bis weißfilzig. Von Juni bis Juli (August) entwickeln sich die selbstfruchtbaren, weißlichen bis hellrosa Blüten in vielblütigen Blütenrispen.

Eignung: Mit Wilden Brombeeren lassen sich Böschungen befestigen. Sie können für undurchdringliche Hecken verwendet werden und sind für sonnige bis halbschattige Standorte geeignet. Manche Typen sind allerdings wärmeliebend und frostempfindlich, andere wiederum gut frosthart. Bienenweide und Schutzgehölz für Kleintiere und Vögel.

Frucht: Die Früchte sind essbare, meist schwarz glänzende Sammelsteinfrüchte (bestehen aus 20–50 kleinen Einzelfrüchten), die sich bei der Ernte nicht vom kegelförmigen, zapfenartigen Blütenboden lösen. Brombeeren reifen von August bis Oktober und sind sehr saftig und wohlschmeckend. Sie enthalten Provitamin A, Vitamin C, B_1, E, K und Fruchtzucker, aber auch Fruchtsäuren, Mineralstoffe, Pektine und Flavone.

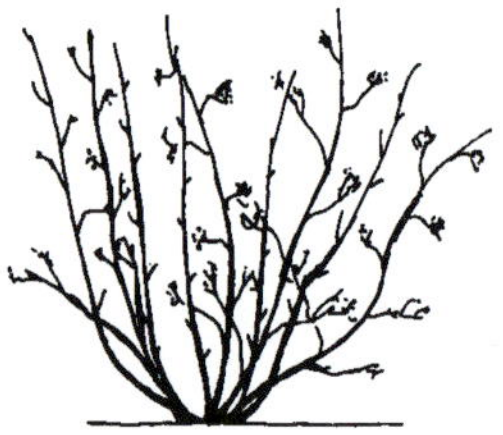

Brombeerstrauch vor dem Schnitt

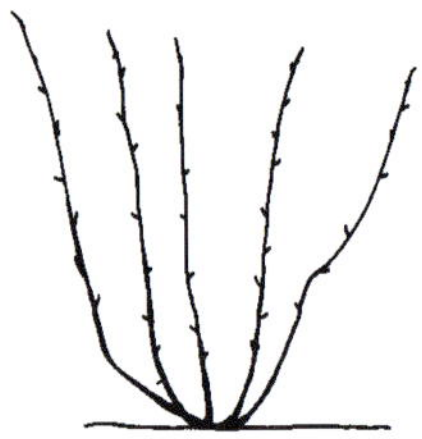

Brombeerstrauch nach dem Schnitt, abgetragene 2-jährige Triebe wurden entfernt

Verwertung: Brombeeren sind als Naschfrüchte geeignet. Auch für die Verarbeitung zu Saft, Wein (auch zum Färben von Rotwein), Most, Likör sowie für die Kompott-, Marmelade-, Konfitüren- und Gelee-Herstellung sind sie geeignet. Sie werden auch als Zusatz zu Milchprodukten und zur Füllung von Backwaren verwendet.

Die Früchte wirken magenstärkend und blutbildend. Man sagt ihnen auch nach, dass sie rheumalindernd seien. Auch die Blätter werden verwertet, man bereitet daraus Kräuterteemischungen, die entzündungshemmend sind sowie gegen Fieber und Erkrankungen der Atemwege helfen sollen.

Standortansprüche und Pflege: Da Brombeeren wintergrün und deshalb nur mäßig frosthart sind, bevorzugen sie sonnige bis halbschattige Standorte in wintermilden Gebieten. Der Boden sollte mäßig nährstoffreich sein. Es werden kalkhaltige bis leicht saure Bodenverhältnisse toleriert. Schnittmaßnahmen sind bei Wildformen in der Regel nicht notwendig, da man diese eher verwildern lassen wird. Abgetragene zweijährige Ruten entfernen.

Krankheiten und Schädlinge: Grauschimmel der Früchte bei feuchter Witterung, Brombeerrutenkrankheit, Brombeermilbe und Brombeerblattlaus können auftreten.

Vermehrung und Anzucht: Samenvermehrung ist möglich (Samen vor Vollreife ernten, stratifizieren), sonst Absenker, Ableger oder bewurzelte Ausläufer, auch eine Vermehrung durch Wurzelschnittlinge und Grünstecklinge ist möglich.

Kultursorten für den Garten

Sorten und Auslesen: Es gibt zwar Auslesen aus Wildformen (***Darrow***, ***Rangers*** u. a.), doch haben diese keine Bedeutung. In den Gärten werden zwecks Fruchtgewinnung vorwiegend Fruchtsorten (meist Hybriden, siehe Beerenobst) verwendet. Kultursorten gibt es seit etwa Mitte des 19. Jahrhunderts.

Himbeere, Waldhimbeere

Rubus idaeus (*Rosaceae*, Rosengewächse)

Pflanzenmerkmale und Verbreitung: In Europa heimisch, vor allem auf Lichtungen vom Flachland bis in 1.850 m Seehöhe. Himbeersträucher sind sommergrüne Halbsträucher mit starker Ausläuferbildung und bilden daher Dickichte (Wurzelbrut). Sie werden etwa 2 m hoch. Die aufrechten Triebe bilden erst im zweiten Jahr Blüten und Früchte und sterben anschließend ab.

Die Triebe selbst sind borstig bestachelt, die Blätter drei- bis siebenzählig mit hellgrüner Blattoberseite und graufilziger Unterseite. Je nach Höhenlage setzt ab etwa Ende Mai bis Juli die Blütezeit ein. Die kleinen weißen Blüten sind zwittrig und selbstfruchtbar. Sie entwickeln sich an Seitentrieben in rispigen Blütenständen.

Fruchtende Himbeerruten, aufgenommen in einem „Himbeerschlag" in einer Waldlichtung (Rubus idaeus)

Eignung: Waldhimbeeren eignen sich besonders zur Begrünung und Befestigung von sonnigen bis halbschattigen Böschungen oder zum Verwildern in wenig genutzten Gartenbereichen auch im Halbschatten unter Bäumen. Ökologisch wichtige Pflanze für Vogelarten und Kleinsäuger, auch gute Bienenweide und Futterpflanze für Schmetterlinge.

Frucht: Purpurrote, saftreiche Sammelsteinfrüchte mit feiner Behaarung, die über einen längeren Zeitraum hindurch nach und nach reifen. Im Gegensatz zu den Brombeeren lassen sie sich leicht vom Zapfen lösen und sind innen hohl. Sie enthalten viel Zucker (Fructose, Glucose und Saccharose), Fruchtsäuren und Mineralstoffe, daneben noch die Vitamine C, B_1 und B_2 sowie Pektine und Flavone.

Verwertung: Himbeerfrüchte wurden an Wildstandorten bereits seit der Bronzezeit gesammelt. Sie eignen sich ausgezeichnet für den Frischverzehr, lassen sich auch tieffrieren und sind als Aromafrucht sehr vielseitig verwertbar.

Verarbeitet werden sie zu Limonaden, Sirup, Konfitüre, für Torten- und Gebäckfüllungen, Eis, Grütze, Likör, Wein und Himbeergeist. Sie schmecken auch als Zusatz zu Milchprodukten hervorragend. Die jungen Blätter und Triebe der Pflanzen enthalten ebenfalls Vitamin C und Gerbstoffe und werden für Teemischungen (mit Brombeere, Erdbeere, Lindenblüten und Waldmeister) verwendet.

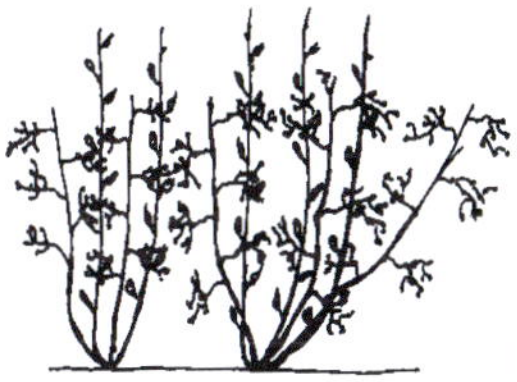

Himbeerstrauch vor dem Schnitt

Himbeerstrauch nach dem Schnitt, abgetragene 2-jährige Triebe wurden entfernt

Standortansprüche und Pflege: Sie bevorzugen mäßig feuchte, nährstoffreiche Böden mit pH-Werten zwischen 5,5–6,5 an sonnigen bis leicht schattigen Standorten. Wenn sie verwildern, sind keine Schnittmaßnahmen nötig, man kann die abgetragenen Ruten aber (wie bei den Kultursorten) nach der Ernte bodennah entfernen.

Krankheiten und Schädlinge: Pflanzen von Waldhimbeeren bzw. Wildhimbeeren sind oft von Viren befallen und sollten daher nicht in der Nähe von Erwerbsanlagen gepflanzt werden. Daneben können noch die Rutenkrankheit, Wurzelfäule sowie der Himbeerblütenstecher und Himbeerkäfer sowie gelegentlich auch Spinnmilben auftreten.

Vermehrung und Anzucht: Lassen sich leicht durch Wurzelausläufer vermehren.

Ähnlich der Brombeere wird man im Garten ausschließlich Kultursorten verwenden

Sorten und Auslesen: Die Selektionen und Auslesen (seit dem 16. Jahrhundert) werden als Kultursorten behandelt und sind in der Beerenobst-Literatur ausführlich beschrieben.

Die Früchte der Japanischen Weinbeere sind säuerlich und wohlschmeckend (Rubus phoenicolasius

Japanische Weinbeere

Rubus phoenicolasius (*Rosaceae,* Rosengewächse)

Pflanzenmerkmale und Verbreitung: Diese Verwandte der Himbeere und Brombeere stammt ursprünglich aus Ostasien (China, Korea und Japan) und ist seit dem Ende des 19. Jahrhunderts in Kultur. Die Pflanze selbst entwickelt sich zu einem 2–3 m hohen Strauch mit aufrechten Grundstämmen und überhängenden bis niederliegenden Seitentrieben. Alle Triebe sind dicht borstig behaart, dazwischen befinden sich wenige dünne Stacheln. Die Pflanzen entwickeln Wurzelausläufer.

Ihre sommergrünen, drei- bis fünfzähligen Blätter werden etwa 10 cm lang und sind unterseits weißfilzig. Von (Juni) Juli bis August erscheinen die hellrosa Blüten, die in kleinen Trauben angeordnet sind. Die Knospen sind auffällig rostrot und borstig behaart.

Eignung: Fruchtstrauch, der – ähnlich wie Brombeeren – an Klettergerüsten aufgebunden werden sollte. Eignet sich besonders für die Berankung von Mauern, Zäunen, als fruchttragende Hecke oder Abpflanzung. Auch zur Unterpflanzung im Halbschatten und für halbschattige Böschungen, dann allerdings ohne Klettergerüst und verwildern lassen. Einen interessanten Winteraspekt (Ziergehölz) stellen die rotborstigen Triebe dar.

Liebhaberfrucht für den Rohgenuss

Frucht: Halbkugelige, intensiv orangerot leuchtende Sammelsteinfrucht, die von einem rotborstigen Kelch umgeben ist. Die Früchte der Japanischen Weinbeere schmecken angenehm säuerlich. Die Früchte reifen von Juli bis August.

Verwertung: Für den Rohgenuss geeignet.

Standortansprüche und Pflege: Bevorzugt geschützte Lagen (Weinbauklima), eventuell Winterschutz (mit Reisig). Schnittmaßnahmen beschränken sich auf das Entfernen alter, trockener Triebe.

Krankheiten und Schädlinge: Resistent gegen Himbeerkäfer.

Vermehrung und Anzucht: Vermehrung durch Grünstecklinge, Wurzelausläufer, Absenker und Ableger.

Sorten und Auslesen: Keine bekannt.

Johannisbeere, Stachelbeere

Ribes sp. (*Saxifragaceae,* Steinbrechgewächse)

Pflanzenmerkmale und Verbreitung: Von Europa bis Asien beheimatet und seit Jahrhunderten gepflanzt. Oft handelt es sich bei den Wildvorkommen um Sämlinge von Sorten, die verwildert sind. Vorkommen vom Tiefland bis in 1.000 m Höhe (Stachelbeere) und 1.800 m Höhe (Schwarze Johannisbeere). Sommergrüne Sträucher von 0,5–2,5 m Wuchshöhe, Stachelbeere mit dreiteiligen Stacheln, Johannisbeer-Arten sind unbestachelt.

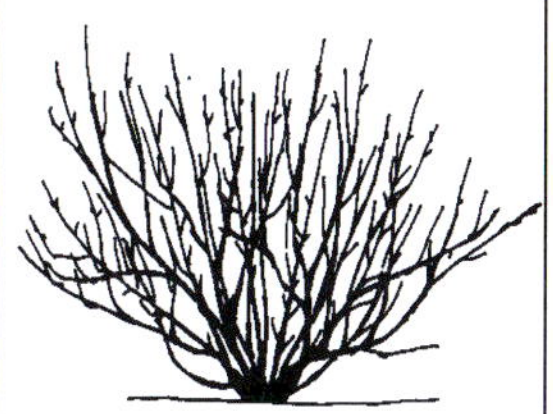

Johannisbeerstrauch vor dem Schnitt

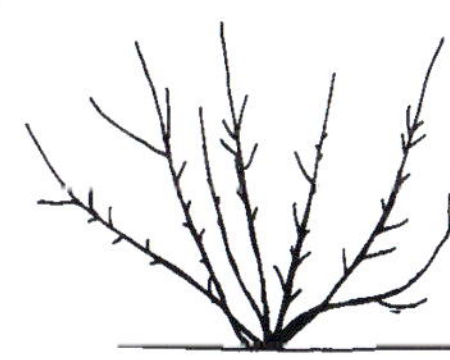

Johannisbeerstrauch nach dem Schnitt, ältere und zu dicht stehende Triebe wurden entfernt

Eignung: Füll- und Decksträucher für naturnahe Pflanzungen, Hecken und Gruppen, auch für lichten Schatten geeignet.

Frucht: Erbsengroße, bis zu 1 cm große essbare Früchte mit zumeist wenig Geschmack. Enthalten Vitamin A_1, B_1 und C (Schwarze Johannisbeere 80–350 mg/100 g Frischsubstanz), Fruchtsäuren, Zucker, Pektin, Protein, Gerbstoffe und Mineralstoffe.

Verwertung: Für Frischverzehr geeignet, Verarbeitung zu Konfitüre, Fruchtsaft und Gelee, auch Herstellung von alkoholischen Getränken und Kompott. Ertrag und Fruchtqualität bei Fruchtsorten jedoch wesentlich besser.

Standortansprüche und Pflege: Die Stachelbeere bevorzugt nährstoffreiche, humose, kalkhaltige Böden. Die Schwarze Johannisbeere kommt eher auf leicht alkalischen bis schwach sauren Böden vor. Sie verträgt sowohl sonnige als auch halbschattige Lagen. Gut schnittverträglich.

Ribesarten sind Zwischenwirte des Blasenrostes

Krankheiten und Schädlinge: Ribes-Arten sind Zwischenwirte des Blasenrost-Pilzes, dessen Befall bei fünfnadeligen Kiefern (Zirbe und Weymouthskiefer) zu deren Absterben führen kann.

Vermehrung und Anzucht: Lassen sich leicht durch Steckhölzer vermehren.

Sorten und Auslesen: Nicht vorhanden. Die zahlreichen Kultursorten sind nicht als „Wildobst“ einzustufen.

Weitere Arten

Die Alpen-Johannisbeere erkennt man leicht an den aufrechten, grünlichen Blütenständen (Ribes alpinum)

Alpen-Johannisbeere *(Ribes alpinum)*

1–2 m hoher buschiger Strauch mit kleinen Blättern, hellgrauen Trieben, gelblich grünen, aufrecht stehenden, zweihäusigen Blütenrispen und dunkelroten Früchten mit fadem Geschmack. Die Pflanzen werden als Füll- und Decksträucher zur Unterpflanzung unter schattigen Baumpartien verwendet.

Schwarze Johannisbeere *(Ribes nigrum)*

Die Wildform ist selten echt, 1,5–2,5 m hoher, sommergrüner Strauch mit Verbreitung von Europa bis Asien (Himalaja). Trägt drei- bis fünflappige Blätter, gelblich grüne, achselständige, hängende Blütentrauben im April/Mai. Im Juli/August entwickeln sich kugelige, schwarze, erbsengroße Beeren von herb-säuerlichem Geschmack.

Felsen-Johannisbeere *(Ribes petraeum)*

In West- und Mitteleuropa vorkommend, aufrechter Strauch bis 1,5 m Wuchshöhe, unterseits behaarte Blätter, rote bis schwarzrote säuerlich schmeckende Früchte.

Stachelbeere *(Ribes uva-crispa)*

Von Süd- bis Mittel- und Westeuropa sowie im Kaukasus und in Nordchina beheimatet. Die Stachelbeere ist ein 1 m hoher, bestachelter Strauch mit drei- bis fünflappigen Blättern, glockigen, grünlich gelben Blüten, die einzeln oder bis zu dreien zusammenstehen und im April/Mai aufblühen. Die Früchte sind kleine behaarte, kugelig-eiförmige, grünlich gelbe Beeren, die im August reifen und süß-säuerlich schmecken. Vitamin-C-Gehalt in reifen Früchten bis 35 mg/100 g Frischgewicht.

Korea-Kirsche

Fruchtender Strauch der Korea-Kirsche

Prunus tomentosa (*Rosaceae,* Rosengewächse)
Weitere Namen: Filz-Kirsche, Nanking-Kirsche

Pflanzenmerkmale und Verbreitung: Japan, China bis Korea und Himalaja, deshalb wird sie auch als Nanking-Kirsche oder Korea-Kirsche bezeichnet. Es sind sommergrüne, mäßig dicht verzweigte, 1,5 bis maximal 2,5–3 m hoch werdende Sträucher mit stark filzigen, jungen Trieben.

Die verkehrt-eiförmigen, 4–6 cm langen Blätter sind oberseits stumpfgrün und behaart, unterseits graugrün und filzig behaart (Filz-Kirsche!). Etwa 1,5 cm große weiße Blüten mit zartrosa getönter Mitte erscheinen entlang der Triebe in reicher Fülle in der Regel vor dem Laubaustrieb ab April.

Eignung: Reich blühender Zier- und Fruchtstrauch für sonnige Lagen, in Blütenhecken, als Einzelstrauch mit Stauden kombiniert oder für größere Kübel. Er blüht und fruchtet bereits als 3–4-jähriger Sämling, ist allerdings nur recht kurzlebig (etwa 10–15 Jahre).

Zweigdetail der Korea-Kirsche mit Früchten

Frucht: Die Früchte sind klein, etwa 1 cm groß, kugelig, hell scharlachrot, etwas durchscheinend, von sehr angenehmem, süß-säuerlichem Geschmack. Sie erinnern an süße Weichselkirschen, sind gut steinlösend und vielseitig verwertbar. An Inhaltsstoffen sind Fruchtsäuren, Zucker, Farbstoffe, Vitamine und Mineralstoffe zu erwähnen.

Verwertung: Eignen sich vorzüglich für den Rohgenuss, können auch zu Säften, Konfitüre, Marmelade und Kompott verarbeitet und als Kuchenbelag verwendet werden. Auch zur Likörbereitung empfehlenswert.

Standortansprüche und Pflege: Bevorzugt etwas schwerere bis sandiglehmige, humose Böden, vollsonnige Standorte und mäßige Bodenfeuchte. Auch in kalten Regionen gut winterhart. Da die Pflanzen zwar durchwegs reich blühen, aber nicht immer reich fruchten, sollten zur Erreichung eines besseren Fruchtansatzes mehrere Pflanzen zusammen gepflanzt werden.

Schnittmaßnahmen sind nicht notwendig, doch ein kräftiger Verjüngungsschnitt kann in mehrjährigen Abschnitten ein vorzeitiges Vergreisen verhindern. Schneidet man die zweijährigen Triebe sogleich nach der Blüte auf 5–10 Knospen zurück (natürlich fruchten sie dann in dieser

Saison nicht!), so entwickeln sich im selben Jahr noch lange einjährige Ruten, die im Folgejahr wieder reich mit Blüten besetzt sind.

Krankheiten und Schädlinge: Gelegentlich verstärkter Befall mit Zweig-Monilia.

Vermehrung und Anzucht: Lassen sich leicht durch Samen vermehren (stratifizieren), auch eine Vermehrung (z. B. reich fruchtender Auslesen) durch Grünstecklinge ist möglich.

Sorten und Auslesen: Sind (außer einer großblütigen Zierform) nicht bekannt. Es sollten jeweils mehrere Sträucher reich fruchtender Samenauslesen gepflanzt werden.

Kamtschatka-Beere, Sibirische Blaubeere, Maibeere® (Häberli), Honeyberry, Haskap

Lonicera caerulea var. kamtschatica (*Caprifoliaceae,* Geißblattgewächse)

Die Maibeere ist als Unterart der heimischen Blauen Heckenkirsche *(Lonicera caerulea)* anzusehen und wird von einigen Autoren als eigene Art *(L. kamtschatica)* betrachtet. Sie wird neuerdings auch in heimischen Baumschulen angeboten.

Pflanzenmerkmale und Verbreitung: Vorkommen der Art von Europa bis Mittel- und Ostasien sowie Japan. Angeblich auch in Nordamerika beheimatet. Die Blaue Heckenkirsche ist ein sommergrüner, etwa 1–2,5 m hoher, dichtverzweigter Strauch mit frühem Blattaustrieb. Wie bei den übrigen strauchförmigen Heckenkirschen sind auch bei dieser Art die gelblich weißen, trichterförmigen Blüten paarweise auf einem etwa 1 cm langen nickenden Stiel angeordnet. Sie blüht im April/Mai.

Die Maibeere benötigt kalkarmen, gut mit Nährstoffen versorgten Boden

Eignung: Anspruchsloses und schattentolerantes, frosthartes Zier- und Wildgehölz für die Unterpflanzung unter größeren Bäumen geeignet, verträgt auch Wurzel- und Schattendruck. Auch für sonnige Standorte, z. B. in Hecken, Gruppenpflanzungen oder als Einzelpflanze mit niedrigen Stauden geeignet. Die Heckenkirsche ist kalkmeidend, deshalb nur auf kalkarmen oder leicht sauren Standorten mit mäßig hohem Nährstoffgehalt (normaler Gartenboden) zu verwenden.

Frucht: In einigen Regionen Asiens wird die Blaue Heckenkirsche dem Obst zugeordnet. Die Frucht ist eine etwa 1 cm lange, kugelige, schwarze und hellblau bereifte Doppelbeere (zwei Beeren sind deutlich sichtbar miteinander verwachsen).

Der Geschmack der Beeren wird unterschiedlich beurteilt, von essbar, aber nicht wohlschmeckend (angeblich kann der Genuss roher Beeren Übelkeit hervorrufen) bis wohlschmeckend reichen die Aussagen. Der Geschmack ist süßlich-bitter, die Beere ist saftig und reift ab Ende Mai/Anfang Juni. An Inhaltsstoffen sind Zucker (6–8 %), Fruchtsäuren (2–4 %), Vitamin C (120 mg/100 g) sowie Anthocyan, Rutin und Flavonoide zu erwähnen.

Zweigdetail mit Früchten der Kamtschatka-Beere 'Maistar' (Lonicera caerulea var. kamtschatica 'Maistar')

Verwertung: Frischverzehr, auch Säfte, Kompott, Mus und Marmelade lassen sich herstellen, auch in Mischung mit anderen Obstarten. In Russland dienen die Früchte, die mit Zuckersirup verarbeitet werden, zur Herstellung von „Warenje".

Standortansprüche und Pflege: Die Blaue Heckenkirsche ist ein anspruchsloses Gehölz für sonnige bis schattige Standorte. Allerdings benötigt sie kalkarme, nicht zu trockene Böden. Empfindlich für Spätfrost. Besondere Pflege- oder Schnittmaßnahmen sind nicht notwendig. Es ist günstig, zumindest zwei Sorten zu pflanzen, weil sie durch die gegenseitige Bestäubung deutlich mehr Früchte hervorbringen.

Krankheiten und Schädlinge: Weil nur sehr selten angebaut, kaum vorhanden.

Vermehrung und Anzucht: Die Art lässt sich durch Samen vermehren, Auslesen und Sorten werden durch Ableger und Absenker bzw. durch Grünstecklinge vermehrt.

Die Früchte der Kamtschatka-Beere (Lonicera caerulea var. kamtschatica)

Sorten und Auslesen: Die Maibeere stammt aus Ostsibirien, wächst zu einem 0,5–1,5 m hohen Strauch heran und hat graugrüne, beiderseitig stark samtig behaarte Blätter. Die Blüten sind klein, gelblich weiß, schwach duftend, selbstunfruchtbar. Die Früchte sind 10–15 mm lang, blau, das Fruchtgewicht beträgt 0,5 – 0,8 g; Reifezeit von Mai bis Juni.

Kamtschatka- oder Maibeeren sind angenehm schmeckend, erinnern im Geschmack an Heidelbeeren und sind für den Frischverzehr geeignet, werden aber auch zur Herstellung von Säften und Marmeladen verwendet.

Inzwischen werden auch bei uns zahlreiche Sorten angeboten. Die Sorten Maibeere® ***Maistar***, ***Mailon***, ***Maitop*** und ***Amur*** sind Auslesen von Häberli (Schweiz), ***Balalaika***, ***Eisbär***, ***Kalinka***, sowie ***Blue Velvet***, ***Honey Bee***, ***Indigo Gem*** und ***Borealis*** werden von Kordes (Dt.) vertrieben. Daneben gibt es noch zahlreiche Sorten mit größeren Früchten und gutem Fruchtgeschmack.

Rosen, Fruchtrosen, Vitaminrosen

Blüten der Kartoffelrose 'Foxy'

Rosa sp. (Rosaceae, Rosengewächse)

Die Früchte von Wildrosen, insbesondere der Apfel- und der Kartoffelrose, wurden schon im vorigen Jahrhundert als „Obstsorten" kultiviert.

Pflanzenmerkmale und Verbreitung: Von den etwa 200 Wildrosenarten sind nur wenige für eine Fruchtverwertung geeignet. Vor allem in Europa heimische Arten oder Auslesen sollen hier vorgestellt werden. Die meisten dieser Rosen sind aufrecht bis überhängend wachsend, werden (1–) 2–3 m hoch und ebenso breit.

Ihre Triebe sind mehr oder minder stark bestachelt. Die wechselständig angeordneten Blätter sind gefiedert. Ihre 3–5 (–9) cm großen Schalenblüten stehen endständig an kurzen Seitentrieben und sind entweder einzeln, zu mehreren oder in Schirmrispen angeordnet. Sie sind selbstfruchtbar, benötigen also keine Fremdbestäuber.

Die Kartoffelrose (Rosa rugosa), im Bild die niedrig wachsende Sorte 'Foxi', ist ein attraktiver Blütenstrauch, der den ganzen Sommer hindurch immer wieder neue Blüten hervorbringt

Eignung: Fruchtrosen eignen sich besonders gut für sonnige Hecken, Gruppen oder Böschungen. Sie benötigen unbedingt vollsonnige Standorte und ertragen keine Konkurrenz schattenwerfender Nachbarn. Wild- und Fruchtrosen lassen sich untereinander gut kombinieren. Es sind attraktive Blüten- und Fruchtschmucksträucher mit hohem Platzbedarf. Ökologisch wertvolle Gehölze, die Insekten, Vögeln und Kleinsäugern als Nähr- und Schutzgehölze dienen.

Frucht: Die Früchte sind Hagebutten. Es handelt sich dabei um Scheinfrüchte, die von stark fleischigen, innen oft stark behaarten Kelchblättern umschlossen sind. Sie können von rundlicher, ovaler oder flaschenförmiger Gestalt und 2–4 cm lang sowie zumeist glänzend rot oder orangefarben sein.
An Inhaltsstoffen ist insbesondere der hohe Vitamin-C-Gehalt (bei Vitaminrosen bis zu 2.000 mg/100 g Fruchtschalen) hervorzuheben, dane-

ben sind weitere Vitamine (B_1, B_2, Provitamin A), Mineralstoffe, Fruchtsäuren (Apfel- und Zitronensäure), Zucker sowie Pektin und Eiweiß enthalten. Auch die Samen, Blüten- und Laubblätter enthalten zahlreiche verwertbare Inhaltsstoffe (Ölrosen: z. B. ätherische Öle).

Besonders hoher Vitamin-C-Gehalt

Verwertung: Die Früchte der Rosen lassen sich zu vielfältigen Produkten verarbeiten. Hagebutten in frischem Zustand eignen sich zur Bereitung von Mus, Marmelade, Saft, Most, Wein, Likör und als Desserts. Sie lassen sich auch zu Saucen und Chutneys als Fleischbeilagen sowie zu Bonbon- und Gebäckfüllungen verwenden. Das saftige Fruchtfleisch der Apfelrose kann man auch roh essen. Getrocknete Früchte und Laubblätter dienen zur Teezubereitung. Aus Blütenblättern einiger Arten/Sorten werden auch Essenzen für die Kosmetik- und Konfitüren-Herstellung gewonnen.

Standortansprüche und Pflege: Rosen bevorzugen vollsonnige Standorte und – je nach Art – mittelschwere, leicht kalkhaltige bis schwach saure Böden. Sie können vom Flachland bis in Höhenlagen von 2.000 m gedeihen. Schnittmaßnahmen sind an sich nicht notwendig. Um einen möglichst hohen Fruchtertrag zu erhalten, sollten zur Erhöhung der Blühwilligkeit abgetragene Fruchtäste auf Neuaustriebe abgesetzt werden, ein Verjüngungsschnitt in mehrjährigem Turnus ist möglich.

Krankheiten und Schädlinge: Es bestehen teils Anfälligkeiten für den Echten und Falschen Rosenmehltau, Rosenrost, Sternrußtau, gelegentlich treten noch Knospenfäule, der Rosentriebbohrer und oftmals Rosenblattläuse auf. Auch ein Befall mit Gallmücken, Blattwespen und der Kleinen Rosenzikade kann vorkommen.

Vermehrung und Anzucht: Die Vermehrung der Wildrosen erfolgt durch Aussaat (Samen stratifizieren), Sorten müssen veredelt werden (üblicherweise durch Okulation [Augenveredelung] auf aufgeschulte Unterlagen im Sommer). Prinzipiell ist auch eine Vermehrung durch Grünstecklinge im Sommer, bei einigen Arten sogar durch Steckhölzer (im Frühjahr) möglich.

Sorten und Auslesen: Prinzipiell lassen sich die Früchte von vielen Arten verwerten, praktisch kommen insbesondere die im Folgenden angeführten Wildarten und Auslesen in Betracht.

Hundsrose, Heckenrose *(Rosa canina)*: Ist von Europa über Nordafrika bis Westasien verbreitet und kommt in Höhenlagen bis 1.300 m vor. Die Hundsrose wird 2–3 m hoch, entwickelt bogig überhängende Triebe und besitzt gekrümmte Stacheln. Sie breitet sich durch Wurzelausläufer aus. Die weißen bis blassrosa Blüten stehen meist zu 1–3 zusammen, sind 4–5 cm breit, duften und öffnen sich im Juni/Juli. Die scharlachroten ovalen Hagebutten von 2–3 cm Länge reifen von August bis Oktober und schmecken süß-säuerlich. Wegen des hohen Vitamin-C-Gehaltes (400–500 mg/100 g Frischsubstanz) sind sie besonders wertvoll. Bienenweide und Vogelschutzgehölz. Pioniergehölz, wärmeliebend und frosthart.

Große schalenförmige rote Blüten und besonders große verwertbare Hagebutten weist die Sorte ***Kiese*** auf, sie ist auch sehr resistent gegenüber Pilz- und Rostkrankheiten.

Früchte-Detail der Pillnitzer Vitamin Rose PiRo3

Pillnitzer Vitaminrose PiRo3 *(Rosa dumalis x Rosa pendulina)*: Eine Hybride (Sangerhausen/Pillnitz), deren Eltern in Europa heimisch sind. Sie wird 2,5 m hoch und breit, ist locker aufgebaut, ihre Langtriebe sind fast unbestachelt. Im Juni entfalten sich ihre großen, zartrosa Blüten. Die Früchte sind etwa 3 cm lang und 1,5 cm dick, ziegelrot und leicht zu pflücken. Diese Sorte ist sehr reich tragend, die Früchte reifen gleichmäßig und werden schnell weich. Sie eignen sich sehr gut zur Verwertung.

Früchte der Kartoffelrose

Kartoffelrose oder Apfelrose *(Rosa rugosa)*: Stammt aus Nordwest- und Ostasien, wurde aber bereits um 1854 nach Europa eingeführt und ist hier stellenweise eingebürgert und verwildert. Sie ist sehr frosthart, außerordentlich anpassungsfähig, robust und wenig anfällig für Krankheiten und wächst auch auf sandigen und salzbelasteten Böden, verträgt allerdings keinen Kalk bzw. keine hohen pH-Werte (Kalk-Chlorose).

Die Kartoffelrose ist ein straff aufrecht wachsender, stark Ausläufer treibender Strauch von 1–2 m Wuchshöhe, dessen dicke Triebe dicht borstig bestachelt sind. Die gefiederten Blätter sind derb, glänzend und dunkelgrün gefärbt. Die duftenden, 6–9 cm breiten Blüten sind in kleinen, mehrblütigen Dolden angeordnet und öffnen sich von Mai bis Oktober. Ihre Blütenfarbe variiert von Weiß über Rosa bis Karminrot. Daraus entwickeln sich von August bis Oktober nach und nach bis zu 2,5 cm große, flachkugelige, scharlachrote, fleischige Hagebutten mit bleibenden Kelchblättern.

Die Hagebutten dieser Rose sind wegen des hohen Pektingehaltes gut im Haushalt verwertbar. Ist als Hecken- und Gruppenstrauch gut geeignet, bildet wegen der starken Ausläuferbildung mit der Zeit allerdings Dickichte. Zahlreiche Zierformen, aber auch Selektionen, speziell für die Fruchtnutzung gezüchtete Sorten (***Besshipnyj, Nektar***).

Apfelrose *(Rosa villosa, Syn.: R. pomifera)*: Kommt von Europa bis zum Kaukasus vor, tritt dabei vorwiegend in Gebirgsgegenden auf. Die Apfelrose ist ein dicht verzweigter, leicht Ausläufer treibender, etwa 1–2 (–3) m hoher Strauch, dessen Triebe mit dünnen, geraden Stacheln und

Borsten besetzt sind. Die zartrosa, bis 3–5 (–7) cm großen Blüten stehen einzeln oder zu 2–3 zusammen und erscheinen im Juni/Juli. Recht auffällig sind die rundlich-ovalen, 2–3 cm dicken, ziegelrot gefärbten Früchte, weil sie borstig behaart und die Kelchblätter bleibend sind. Sie reifen – im Gegensatz zu vielen anderen Arten – einheitlich ab August. Eine wirtschaftlich sehr wertvolle Rose (hoher Vitamin-C-Gehalt). Eine maschinelle Ernte ist möglich. Die Apfelrose dient am natürlichen Standort als frosthartes Pioniergehölz. Besonders Vitamin-C-reich ist die Sorte ***Karpatia*** (Selektion des Institutes für Obstzüchtung in Bojnice, Slowakische Republik).

Die Apfelrose (Rosa pomifera) ist leicht an den zart bestachelten Früchten zu erkennen

Die Früchte von folgenden heimischen Rosenarten können ebenfalls verwertet werden: ***Essigrose*** *(Rosa gallica):* Aus Blütenblättern werden in Bulgarien und Südfrankreich Konfitüren hergestellt; ***Rotblättrige Rose*** oder ***Hechtrose*** *(Rosa glauca);* ***Gebirgs-*** oder ***Alpen-Rose*** *(Rosa pendulina).*

Scheinquitte, Zierquitte

Die Japanische Zierquitte (Chaenomeles japonica), hier die Sorte 'Cido', ist ein attraktiv blühender Kleinstrauch für den Garten

Chaenomeles japonica (*Rosaceae,* Rosengewächse)
Weitere Namen: Japanische Scheinquitte, Wilde Quitte, Busch-Quitte

Pflanzenmerkmale und Verbreitung: Die Schein- oder Zierquitte stammt aus Ost-China und Japan und wird seit etwa 1880 in Europa kultiviert. Es handelt sich hier um einen kleinen, etwa 1 m hohen und ebenso breiten Strauch mit sparrigem Wuchs und dornigen Trieben. Der sommergrüne Strauch besitzt wechselständige, breit eiförmige und bis zu 5 cm lange, gestielte Blätter, deren nierenförmige Nebenblätter auffällig stängelumfassend sind.

Blütenknospen werden vorwiegend an Kurztrieben des Altholzes gebildet, die Blüten selbst stehen meist zu 2–4 zusammen, sind von ziegelroter Farbe und erscheinen knapp vor oder mit den Blättern im März/April. Sie sind selbstfruchtbar, etwa 3–4 cm groß und sehr attraktiv.

Aromatisch duftende Früchte unterschiedlicher Gestalt und Größe

Frucht: Apfel-, birnen- oder walzenförmige Scheinfrüchte, die gelb, gelbgrün oder gelbrot gefärbt sein können. Die Oberfläche der Früchte ist deutlich gefurcht oder gerippt, jedoch glattschalig und im reifen Zustand fettig und sehr aromatisch duftend. Die etwa 4 cm und größer werdenden Früchte erreichen ein Fruchtgewicht von 30–65 g, sind festfleischig, stark aromatisch und sauer (Säuregehalt um 5–7 %).

An Inhaltsstoffen sind der hohe Vitamin-C-Gehalt (70–120 mg/100 g), reichlich Pektin (1,3–2,8 %) sowie ein Zuckergehalt bis 2 % und Aromastoffe erwähnenswert. Der Fruchtertrag liegt bei etwa 1–3 (–5) kg pro Strauch, teilweise können sogar höhere Erträge erzielt werden, es werden jedoch viele Samen (bis 10 % der Fruchtmasse) gebildet.

Früchte der Japanischen Zierquitte 'Cido' im Detail

Eignung: Zier- oder Scheinquitten sind sehr dankbare, attraktive Blütensträucher für den Hausgarten mit langer Blütezeit, wobei sowohl schwachwüchsige *(C. japonica)* und starkwüchsige *(C. speciosa, C. x superba)* Sorten zur Verfügung stehen. Abgesehen von stark kalkhaltigen Böden sind sie anpassungsfähig, auch in kälteren Regionen ausreichend winterhart und wegen der Früchte als Wildobst interessant. Auch ökologisch sind sie wertvoll, da sie gerne von Insekten besucht werden und ein gutes Schutz- und Nährgehölz für Vögel und Kleinsäuger darstellen.

Quittenbrot, Kandierte Früchte und vieles mehr …

Verwertung: Die Früchte der Scheinquitte reifen ab September und sind nicht für den Rohverzehr, sondern ausschließlich zur Verarbeitung geeignet. Man sollte sie vor der Verarbeitung kurzzeitig blanchieren, dadurch wird ein intensiverer Geschmack der Verarbeitungsprodukte erzielt.

Die Früchte selbst – bzw. deren Saft – werden in der Regel in Mischung mit säurearmen Fruchtarten wie Apfel, Birne, Schwarzer Holunder, aber auch Kürbis, Melone und Quitte verwendet. Weiters werden die Früchte zu Gelee, Marmelade, Obstpasteten und Quittenbrot verarbeitet. Auch kandierte Früchte, Süßmost, Likör und Wein kann man daraus bereiten. Der hocharomatische Saft eignet sich auch zum Ansäuern von Fruchtsalaten. In den Heimatländern finden die Früchte auch in der Parfümherstellung Verwendung. Erwähnenswert ist die Tatsache, dass die Früchte bei 2,5 °C bis 4 Monate haltbar sind, die Ernte sollte jedoch vor Frosteintritt abgeschlossen sein.

In Lettland wird die Scheinquitte in großen Mengen (auf mehr als 100 ha Fläche) angebaut und industriell verwertet, sie dient dort als Ersatz für die Echte Quitte, da diese hier nicht mehr ausreichend winterhart ist.

Die zahlreich entwickelten Früchte der Japanischen Zier- oder Scheinquitte (Chaenomeles japonica 'Cido') enthalten viel Vitamin C und sind zur Verarbeitung besonders geeignet

Standortansprüche und Pflege: Die Scheinquitte bevorzugt nährstoffreiche, mittelschwere bis lehmige Böden bei leicht sauren bis neutralen pH-Werten. Bei hohen Kalkgehalten im Boden neigt sie leicht zu Chlorose. Der Standort sollte sonnig bis leicht schattig sein. Sie ist gegen Industrieabgase und Herbizide empfindlich.

Schnittmaßnahmen sind nicht unbedingt erforderlich, ein Auslichten (5-jährige und ältere Triebe nach der Blüte entfernen) in mehrjährigem

Turnus ist jedoch vorteilhaft, da dadurch die nötige Auflockerung der Sträucher gewährleistet ist. Langjährige Beobachtungen zeigten, dass die Pflanzen an den dreijährigen Trieben besonders reich fruchten.

Dreijährige Triebe fruchten am besten

Krankheiten und Schädlinge: Gelegentlich kann Monilia-Fäule (an Früchten oder Zweigen) auftreten, befallene Pflanzenteile sind sorgfältig zu entsorgen.

Vermehrung und Anzucht: Die Art lässt sich problemlos durch Samen vermehren (stratifizieren), spaltet dann aber natürlich auf. Man kann auch Wurzelschnittlinge oder Abrisse von angehäufelten Pflanzen machen bzw. diese Pflanzen teilen. Früher wurden Sorten durch Winterhandveredelung auf eigene Sämlinge oder auf die Quitte veredelt (Chlorose-Problem, Durchtrieb der Unterlage), heute werden diese vorwiegend durch Grünstecklinge vermehrt. *Chaenomeles*, vor allem flachwachsende Sorten, werden auch auf Birnensämlinge veredelt und ergeben damit kleine Bäumchen (Höhe 0,6–0,8 m).

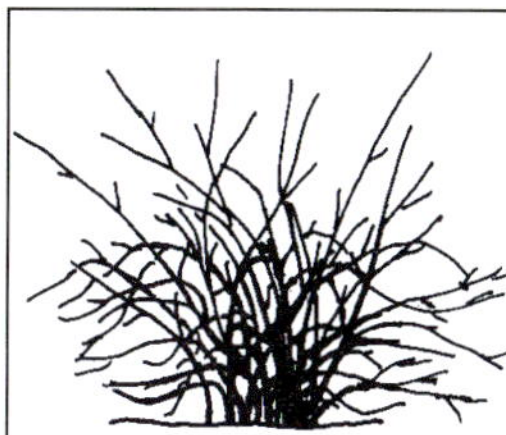

Zierquitte vor dem Schnitt

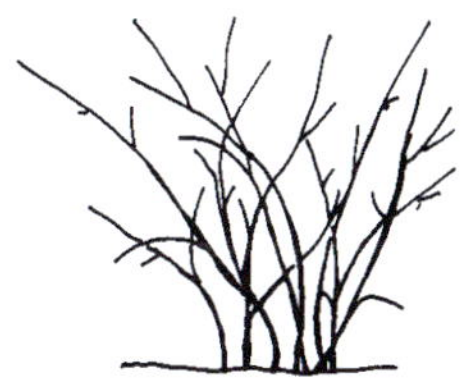

Zierqitte nach dem Schnitt, zu dicht stehende Triebe wurden bodennah entfernt

Sorten und Auslesen:

Cido: Die „Cido-Buschquitte", eine in Lettland selektierte Form, ist die bekannteste zur Fruchtnutzung angebotene Sorte. Es handelt sich hierbei um dornenlose Kulturformen der Japanischen Quitte *(C. japonica)* und wird aufgrund des hohen Säure- und Vitamin-C-Gehaltes auch als „Nordische Zitrone" bezeichnet. Sie hat orangerote Blüten und damit einen hohen Zierwert. Soll selbstunfruchtbar sein.

Jungpflanzen werden gerne von Kaninchen verbissen, ansonsten sind diese Selektionen gesund und frei von Schädlingen, allerdings mäßig feuerbrandanfällig. Sie benötigt kalkarme Böden, ansonsten tritt Chlorose auf. Fruchtsaftausbeute bis 60 % der Gesamtmasse, Zucker 2–3 %, Säuren bis 7,2 %, Vitamin C bis 145 mg/100 g, hoher Mineralstoff und Phosphorsäuregehalt.

Weitere Arten

Chinesische Scheinquitte *(Chaenomeles speciosa, Syn.: C. lagenaria)*

Stammt aus China und wurde 1796 nach Europa eingeführt, unterscheidet sich von *C. japonica* durch stärkeren Wuchs (bis 3 m), rosa bis dunkelrote Blüten mit 3–5 cm Durchmesser und gelblich grüne, manchmal etwas gerötete längliche, glatte Früchte. Die Früchte sind essbar.

Früchte der Scheinquitten-Hybride im Detail

Scheinquitten-Hybriden *(Chaenomeles x superba)*

Unter diesem Artnamen werden die meisten Sorten zusammengefasst, die aus *C. japonica x C. speciosa* entstanden sind. Entstehung etwa um 1900. Es sind mehr als 100 Sorten mit weißen, rosa und scharlach- bis feuerroten Blüten im Handel. Sie werden je nach Sorte etwa 1,5–2 m hoch. Prinzipiell können die Früchte aller Sorten verwendet werden, wenn auch Unterschiede im Geschmack feststellbar sind.

Fusion: wurde aus der Sorte 'Crimson and Gold' gezüchtet, wächst breit aufrecht und ist etwa 1 m hoch, bevorzugt tiefgründigen, kalkarmen Boden. Die gelben, länglich birnenförmigen Früchte duften aromatisch und erreichen ein Gewicht von 100 g. Die Früchte enthalten 5,5 % Fruchtsäure und 100 mg Vitamin C/100 g Frischsubstanz.

Hier eine kleine Auswahl der in Baumschulen erhältlichen Sorten, die sich für eine Fruchtnutzung eignen: ***Carl Ramcke*** mit zinnoberroter Blüte, bis 1,5 m; ***Crimson and Gold***, dunkelrot, bis 1 m; ***Ernst Finken***, feuerrot, 1–2 m; ***Fire Dance***, intensivrot, bis 1 m; ***Pink Lady***, dunkelrosa, bis 1 m; ***Umbilicata***, kirschrosa, 1–2 m; ***Nivalis***, weiß, 1–2 m etc.

Die schwarzen, blau bereiften Früchte des Schlehdorns (Prunus spinosa) sitzen an kurzen Stielen an den Zweigen

Der Schlehdorn bildet Dickichte mit Ausläufern bis in 10 m Entfernung

Schlehdorn

Prunus spinosa (*Rosaceae,* Rosengewächse)

Weitere Namen: Schlehe, Schwarzdorn, Hagdorn, Haagpflaume, Dornschlehe, Bockbeeri

Pflanzenmerkmale und Verbreitung: Der Schlehdorn kommt von Europa bis Westasien vor und ist in Nordwestafrika eingebürgert. In den Alpen findet er sich an sonnigen Waldrändern noch bis in 1.600 m Höhe. Als Sonne und Licht liebendes Gehölz kommen Schlehdornsträucher in Hecken und Gebüschen, an Waldrändern, auf Kahlschlägen, Halden, Fels- und Schutthängen, Böschungen, Weinbergen und aufgelassenen Steinbrüchen etc. vor.

Es sind 1–3 (–5) m hohe, sommergrüne, sparrig verzweigte, dornige Sträucher mit starker Wurzelausläuferbildung und Dickichtbildung. Die 3–4 cm kleinen Blätter sind stumpfgrün. Der Schlehdorn blüht bereits sehr zeitig im Frühjahr, im März/April, in der Regel vor dem Laubaustrieb. Seine weißen Blüten sind etwa 1–1,5 cm groß, meist einzeln, kurz gestielt und erscheinen in großer Anzahl entlang der Triebe.

Eignung: Der Schlehdorn eignet sich im Hausgarten wegen seines unbändigen Ausbreitungsdranges nur zur Begrünung von sonnigen Böschungen oder in freiwachsenden Hecken mit viel Platzangebot. Er ist ökologisch sehr wertvoll und dient als Vogelschutzgehölz.

Frucht: Kugelige bis eiförmige, 1,0 bis 1,8 cm große, schwärzlich und blau bereifte Steinfrüchte. Das Fruchtfleisch ist schlecht steinlösend. Reife ab Ende September bis Oktober/November, die Früchte verbleiben oft bis in den Winter hinein am Strauch. Sie schmecken adstringierend, werden erst nach Frosteinwirkung essbar und schmecken dann süß-säuerlich.

Sie enthalten Fruchtsäuren (0,4–0,5 %), Pektin und Gerbstoffe (adstringierender Geschmack), Farbstoffe und Zucker (bis 10,7 %) sowie Mineralstoffe. Auch Vitamin C (etwa 50 mg/100 g) sowie die Vitamine B_1 und B_2 sowie Carotine sind enthalten. Auf sonnigen Standorten können Erträge bis zu 30 kg pro Strauch erreicht werden.

Man vermutet, dass Zwetschken, Pflaumen, Mirabellen und Reineclauden vor langer Zeit aus einer Kreuzung zwischen der Schlehe und der Kirschpflaume entstanden sind.

Vergleich der Früchte des Schlehdorns mit den fast doppelt so großen Früchten einer Hybride aus Schlehdorn x Zwetschke ('Wienerwald')

Verwertung: Auch wenn der herb-saure und adstringierend wirkende Geschmack der Früchte nach Frosteinwirkung gemildert wird und diese dann süß-säuerlich schmecken, sind sie für den Rohverzehr nicht unbedingt geeignet. Die Verwertung wird durch den hohen Steinanteil (20 %) und die schlechte Lösbarkeit des Fruchtfleisches erschwert.

Der adstringierende Geschmack wird nach Frosteinwirkung gemildert

Sie können aber anderen säurearmen Obstarten als Mischfrucht beigemengt werden und zu Mehrfruchtmarmelade, -gelee, -sirup und -säften verarbeitet werden. Besonders vorzüglich schmecken aber Schlehengeist, Schlehenlikör, Schlehenwein und Schlehensüßmost. Eingelegt in Essig-Zucker-Wasser, dienen sie als Beilage zu Rindfleisch. Die Früchte wurden bereits zur Pfahlbauzeit in Mitteleuropa verwertet. Blüten und Blätter dienen zur Teeherstellung.

Standortansprüche und Pflege: Wächst auf allen Standorten, von trocken-mageren bis frisch-nährstoffreichen Böden, auf steinigen bis lehmigen, kalkhaltigen (kalkliebend!) bis mäßig sauren Böden; sehr frosthart. Wegen der zeitigen Blüte etwas spatfrostgefährdet. Schnittmaßnahmen sind nicht notwendig.

Schlehdorn-Sträucher (Prunus spinosa) am Naturstandort, sie bilden hier meist dichte Bestände in sonnigen Hecken sowie an Waldrändern

Krankheiten und Schädlinge: Auftreten der Pflaumengespinstmotte, auch Infektionen mit dem Scharka-Virus sind möglich, daher nicht in der Nähe von Obstbaugebieten pflanzen.

Vermehrung und Anzucht: Vermehrung durch Aussaat (Samen vor Vollreife ernten, stratifizieren), Auslesen und Zierformen durch Veredelung auf Pflaumenunterlagen.

Sorten und Auslesen: Die Fruchtgröße und -form bei Schlehen kann sehr stark variieren. Es gibt zwar großfrüchtige Auslesen (***Wienerwald***, Früchte deutlich größer als jene der Wildform, wird etwa 2 m hoch, [wahrscheinlich *Hybride P. spinosa x P. domestica*] Baumschule Praskac, Tulln) und solche mit geringem Gerbstoffgehalt (welche mitunter sehr großfrüchtig sind, den Früchten fehlt jedoch der typische adstringierende Geschmack – wahrscheinlich handelt es sich hier um Hybriden mit Zwetschken), doch werden diese zur Zeit noch nicht oder nur selten angeboten (Auslesen in Süddeutschland und Österreich).

Es gibt einige Zierformen: 'Plena': mit gefüllten Blüten, und 'Purpurea': rosablühend, rotlaubig und wenig bedornt.

Weitere schlehen- und pflaumenverwandte Arten

Fruchtender Zweig der Haferschlehe (Prunus domestica subsp. insititia var. juliana) *(G. Innerhofer)*

Haferschlehe

Prunus domestica L. subsp. insititia C. K. Schneider var. *juliana (L) Poiret)* (*Rosaceae,* Rosengewächse)
Weitere Namen: Krieche, Kriechele, Kricken, Krete, Haferpflaume, St. Julienplaume

Pflanzenmerkmale und Verbreitung: Die Haferschlehe ist in den Vogesen, im Schwarzwald und in der Schwäbischen Alb und im Bodenseegebiet beheimatet und wurde dort eingehend untersucht (U. Körber-Grohne).

Die baumartigen Sträucher sind mittelstark wachsend und werden etwa 3–4 m hoch. Die Zweige sind in der Regel dornenlos. Allerdings können gelegentlich an zwei- bis dreijährigen Trieben kräftige Sprossdornen auftreten.

Die Haferschlehe ist durch breit-ovale, am Rande fein gesägte Blätter gekennzeichnet, die Blattrippen auf der Unterseite sowie die Blattstiele sind behaart. Die Pflanzen sind selbstfruchtbar, die Genussreife erfolgt von September bis Oktober.

Die Haferschlehen sind den Schlehen ähnlich, aber deutlich größer und schmecken nicht so adstringierend

Frucht: Die Früchte sind rund bis rundlich und blau gefärbt mit dünner Bereifung. Sie werden etwa 17–27 mm groß. Die Konsistenz des Fruchtfleisches ist relativ fest. Die Früchte lassen sich an der Luft trocknen, ohne zu faulen. Der Steinkern löst sich nicht. Sie sind madenfrei.

Verwertung: Die Früchte schmecken roh säuerlich bis sauer, herb, teils adstringierend (abhängig von der Herkunft und Klima). Gekocht (ohne Zucker) ergeben die Früchte ein dunkelrotes, säuerliches, herbes, aber wohlschmeckendes Kompott. Es lassen sich Marmelade und Gelees daraus herstellen.

Standortansprüche und Pflege: Siehe Schlehdorn.

Krankheiten und Schädlinge: Siehe Schlehdorn.

Vermehrung und Anzucht: Wurzelausläufer, Veredelung auf Sämlinge oder Zwetschken-Unterlagen und Myrabolanen.

Zibarte

Prunus domestica L. subsp. insititia C. K. Schneider var. *viridiflava, Prunus domestica L. subsp. prisca* (*Rosaceae,* Rosengewächse)
Weitere Namen: Zibärtle, Ziparten, Zippate, Ziberl, Zibertl, Zibelle, Zwiferl, Seiberl, Gallerpflumle, Scheißpfläumle

Fruchtender Zweig der Zibarte (Prunus domestica subsp. insititia var. viridiflava)
[aus U. Körber-Grohne]

Die Zibarte wurde bereits in steinzeitlichen Pfahlbauten sowie in römischen und keltischen Siedlungen nachgewiesen

Pflanzenmerkmale und Verbreitung: Die Zibarte ist, wie die Haferschlehe auch, in den Vogesen, im Schwarzwald und in der Schwäbischen Alb sowie im Bodenseegebiet beheimatet und wurde dort eingehend untersucht (U. Körber-Grohne). Sie ist aber auch in Österreich und der Schweiz anzutreffen. Sie wächst bis in Höhenlagen von über 900 m. Man findet sie häufig halbwild an Bächen, Hängen und meist in der Nähe von Höfen in Hecken.

Die baumartigen Sträucher sind mittelstark wachsend und werden etwa 5–6 m hoch, die Zweige sind in der Regel bedornt. Die Zibarte ist durch breit-ovale, teils leicht zugespitzte, am Rande fein gesägte Blätter gekennzeichnet. Die Pflanzen sind selbstfruchtbar, die Genussreife erfolgt von September bis Oktober.

Frucht: Die Früchte sind rund bis etwas länglich und grüngelb gefärbt mit dünner, nicht umfassender Bereifung. Sie werden etwa 16–19 mm groß und hängen oder stehen an kurzen Stielen. Während der Fruchtreife und besonders in warmen, sonnenreichen Jahren wandelt sich die zuerst grünliche Farbe mehr nach gelb, wobei sich rötliche Flecken auf der Sonnenseite bilden können. Die Konsistenz des Fruchtfleisches ist relativ fest, der Steinkern löst sich nicht.

Verwertung: Die Früchte schmecken roh säuerlich, aber nicht adstringierend, auch ohne bitteren Nachgeschmack. Nach den ersten Nachtfrösten ändert sich der Geschmack nach süß-säuerlich mild, etwas aromatisch in Richtung Grüner Reineclaude. Die Früchte bleiben auch im Zustand der Reife etwa ab Mitte Oktober, während des Laubfalles, noch längere Zeit am Baum. Sie fallen erst nach starken Frösten ab.

Der Zibartenbrand ist eine Spezialität des Schwarzwaldes

Es lassen sich Marmelade und Gelees daraus herstellen. Besonders bekannt und teuer ist der Obstbrand. Zu diesem Zweck wird die Zibarte auch in Plantagen angebaut. 100 kg Zibarten ergeben nur 3–4 Liter Destillat von feinem Aroma und mit leicht herbem, typisch vollem Geschmack mit Marzipantönen.

Standortansprüche und Pflege: Siehe Schlehdorn.

Krankheiten und Schädlinge: Siehe Schlehdorn.

Vermehrung und Anzucht: Wurzelausläufer, Veredelung auf Sämlinge oder Zwetschken-Unterlagen und Myrabolanen. Durch das Veredeln auf Myrabolanen *(Prunus cerasifera)* gibt es stärkerwüchsige Zibartenstämme und auch größere Früchte mit höherem Zuckergehalt.

Sorten und Auslesen: Es werden Gelbe Zibarten und Blaue Zibarten angeboten.

Gelber, Gelbroter und Roter Spilling

Prunus domestica var. Roter Spilling Früchte

Prunus domestica L. subsp. oeconimica C. K. Schneider var. *odorata* (*Rosaceae,* Rosengewächse)
Weitere Namen: Spillen, Spilken

Pflanzenmerkmale und Verbreitung: Gelbroter und Roter Spilling werden heute noch im Bundesland Brandenburg angebaut. Die baumartigen Sträucher sind mittelstark wachsend und werden etwa 4–5 m hoch. Die Blätter des Spillings sind im vorderen Drittel am breitesten und verschmälern sich etwa von der Blattmitte linear zum Stielende. Die Blattfarbe ist mittel- bis dunkelgrün, die Blattrippen auf der Unterseite sowie die Blattstiele sind flaumig behaart. Die Pflanzen sind selbstfruchtbar, die Fruchtreife früh, bereits ab Mitte Juli bis August. Ein sehr hoher, regelmäßiger Fruchtertrag ist gewiss. Die Früchte fallen bei der Reife ab oder werden zur Ernte vom Baum geschüttelt.

Frucht: Die Früchte sind länglich, asymmetrisch, nach unten zugespitzt und mit breitester Stelle im obersten Drittel. Länge zwischen 26 und 40 mm. Farbe der Haut auf der Sonnenseite rot mit dunkelrot-violetten Flecken, die Schattenseite gelbgrün, bei Hochreife auch rot. Fruchtfleisch dunkelgelb.

Die Früchte verströmen einen ausgesprochen guten, aromatischen Geruch

Im Bauerngarten der Familie Placet in Muta auf der slowenischen Seite des Radlpasses, in 950 m Seehöhe, finden sich nicht weniger als vier seltenere Formen der Zwetschke, rechts die als Spänling (Spilling) auch bei uns verbreitete Form.

Die Konsistenz des Fruchtfleisches ist von mittlerer Festigkeit, der Steinkern löst sich vom Fleisch. Haltbarkeit einige Tage. Der Geschmack ist süß-säuerlich, sehr gut. Die rohen Früchte strömen einen ausgesprochen guten, aromatischen Geruch aus. Im gekochten Zustand schmecken die Früchte nach Bittermandel.

Verwertung: Die Früchte schmecken roh aromatisch süß und sind für den Rohverzehr geeignet. Es lassen sich Kompott, Marmelade und Kuchenbelag (Spillingkuchen) herstellen. Die Früchte zerfließen leicht und sind auch zum Einfrieren geeignet.

Standortansprüche und Pflege: Siehe Schlehdorn.

Krankheiten und Schädlinge: Siehe Schlehdorn.

Vermehrung und Anzucht: Wurzelausläufer, Veredelung auf Sämlinge oder Zwetschken-Unterlagen und Myrabolanen.

Gemeiner Wacholder

Die Säulenform (im Bild die Sorte 'Hibernica') des Gemeinen Wacholders (Juniperus communis) zählt zu den beliebten Gartengehölzen

Juniperus communis (*Cupressaceae,* Zypressengewächse)
Weitere Namen: Kranewittbeere, Kranabet, Krammet, Kronawetta, Kramabir, Krapei, Kranawecke, Khramatposchen, Kranichbeer, Machandel

Pflanzenmerkmale und Verbreitung: Der Wacholder hat ein sehr weites Verbreitungsgebiet, es reicht von Europa über Asien bis nach Nordafrika und Nordamerika. Er wächst vorwiegend in lichten Kiefernwäldern, auf Heiden, Magerweiden und in Mooren sowie als Zwergstrauch im Hochgebirge (in den Alpen bis in 3.700 m Höhe).

Der Gemeine Wacholder ist ein dichttriebiger, immergrüner Strauch von 2–6 (–10) m Höhe, oft dominieren Säulenformen, es kommen aber auch breitbuschige Wuchsformen vor. Das langsamwüchsige Gehölz kann bis zu 500 Jahre alt werden. Die spitzen, nadelförmigen Blätter werden etwa 10–20 mm lang. Auffällig ist der weiße Streifen auf der Nadeloberseite. Die Pflanzen sind zweihäusig, sie blühen unscheinbar im April/Mai.

Immergrüner Zierstrauch für sonnige, trockene Standorte

Eignung: Sind als Solitär- und Gruppensträucher im Hausgarten in Verwendung. Wacholder benötigen vollsonnige Standorte, die durchaus auch steinig oder sandig und trocken sein können. Erträgt dabei trockene Sommer wie auch kalte Winter recht gut. Die zahlreichen Gartensorten werden je nach Wuchscharakter für Heidegärten, Steingärten, sonnige Vorgärten oder Gartenanlagen verwendet. Nicht mit schattenwerfenden Gehölzen kombinieren!

Die getrockneten Früchte (Beerenzapfen) des Gemeinen Wacholders sind begehrte Küchengewürze

Frucht: Die 4–9 mm großen kugeligen Früchte des Wacholders (Kranewittbeeren) sind eigentlich Scheinbeeren (botanisch richtig: Beerenzapfen). Sie reifen Ende September bis Anfang Dezember, wobei sich die zunächst grünen Beeren später schwarzbraun verfärben und eine bläuliche Bereifung aufweisen. Voll ausgereift, besitzen sie ein trockenes, harzreiches und aromatisch-süßliches Fruchtfleisch.

Die Früchte enthalten neben Zucker und Ölen (unter anderem auch ätherische Öle) das Gerbstoffglycosid Juniperin, Mineralstoffe, Eiweiß, Pektin und Vitamin C.

Wacholderschnaps, Wacholderschinken und als Gewürzbeilage ...

Verwertung: Für den Rohgenuss geeignet, und zwar als appetitanregendes Mittel (täglich 5–10 getrocknete Früchte vor den Mahlzeiten), Tee (ein Esslöffel zerdrückter Beeren pro Tasse). Die Früchte werden auch als Gewürzbeilage zu Saucen, Braten, Fisch, Sauerkaut, Geflügel und Suppen in geringen bis mäßigen Mengen verwendet. Möglich ist auch die Herstellung von Sirup, Gelees und Marmeladen.

Hauptsächlich werden aus den Beeren jedoch alkoholische Getränke wie Genever, Gin, Wacholderschnaps oder Wein bereitet. Der Wacholderspiritus dient zum Einreiben bei Gelenkserkrankungen, Gicht und Ischias. Aus dem Holz gewonnenes Wacholderöl wird äußerlich bei Hauterkrankungen angewendet. Wacholderschinken wird mit Holz und Nadeln dieser Pflanze geräuchert.

In früheren Zeiten war das Harz des Wacholderstrauches als unechter Weihrauch unter der Bezeichnung „deutscher Sandarak" im Handel. Die Germanen verwendeten Wacholderreisig bei der Brandbestattung ihrer Toten.

Standortansprüche und Pflege: Der Gemeine Wacholder stellt keine speziellen Ansprüche. Der Boden sollte durchlässig, sandig bis schottrig und der Standort möglichst hell und sonnig sein.

Schnittmaßnahmen sind nicht notwendig.

Krankheiten und Schädlinge: Kaum auftretend, verwandte Arten (*J. sabina* [giftig!], *J. chinensis* und *J. virginiana*) sind Zwischenwirte für Rostpilze, z. B. für den Birnengitterrost.

Vermehrung und Anzucht: Wacholder lässt sich durch Samen vermehren, sie keimen jedoch erst im zweiten Jahr nach der Ernte. Will man die Keimung der Samen im folgenden Frühjahr erreichen, so muss man die Beerenzapfen bereits vor der Vollreife (ab August bis November) ernten. Man kann aber auch Absenker zur Bewurzelung bringen, Stecklinge werden im Spätsommer und Herbst (eventuell auch im Frühjahr) gesteckt. Veredelungen werden nur bei Sorten des Wacholders gelegentlich durchgeführt.

Erwähnenswert ist auch noch, dass die Beerenzapfen der Zierformen von *J. communis* zwar genauso verwendet werden können, diese jedoch zumeist kaum oder nur schlecht Beerenzapfen ansetzen.

Sorten und Auslesen: Es gibt zahlreiche Unterarten, aber auch Zierformen, reich fruchtende Selektionen sind jedoch nicht bekannt. Die Beeren werden meist am Naturstandort gesammelt. Nur bei trockenem Wetter sammeln und nachtrocken (nicht in der Sonne!).

Wichtiger Hinweis: Von der zweiten heimischen Wacholderart, dem Sadebaum (*Juniperus sabina*), sind alle Pflanzenteile giftig und dürfen keinesfalls als Wildobst genutzt werden!

Großfrüchtige Moosbeere (Vaccinium macrocarpon)

Klein- und Zwergsträucher

Die meisten Vertreter aus dieser Größenkategorie zählen zu den Erika-Gewächsen und benötigen saure Böden. Sie werden in größeren Gruppen oder flächig als Unterpflanzung im Moorbeet, zur Bepflanzung von Trögen oder als Unterpflanzung in großen Pflanzkübeln verwendet. Mahonien gedeihen noch im schattigen Bereich unter größeren Bäumen, während die Walderdbeere (kein Gehölz, sondern eine mehrjährige Staude!) am Gehölzrand oder entlang von Wegen im Garten verwildern kann.

Mahonie

Mahonia aquifolium (*Berberidaceae,* Berberitzengewächse)

Pflanzenmerkmale und Verbreitung: Die Mahonie ist im westlichen Nordamerika beheimatet und wächst dort im Unterholz der Wälder auf feuchten, nährstoffreichen Böden. Sie ist in Europa teilweise verwildert.

Dieser immergrüne Strauch kann etwa 1,5 m hoch werden, bildet wenige Ausläufer und hat wechselständige, unpaarig gefiederte, oberseits glänzende Blätter mit buchtig-dornig gezähnten Blatträndern. Im Herbst bzw. durch die Wintersonne können sich die Blätter purpurn bis violettbraun verfärben. Die duftenden Blüten – es sind kleine goldgelbe Blüten in vielblütigen Trauben – öffnen sich im April/Mai. Gute Bienenweide und Vogelnährgehölz.

Fruchtender Zweig der Mahonie (Mahonia aquifolium)

Eignung: Die Mahonie ist ein robustes Zier- und Fruchtgehölz für den Garten, mit vielen Verwendungsmöglichkeiten. Besonders zur Unterpflanzung von schattigen Baumpartien, für Einfassungen und Hecken, aber auch für Kübel, Tröge und Dachgärten eignet sie sich sehr gut. Es werden sowohl schattige als auch sonnige Standorte vertragen, die Pflanze ist anpassungsfähig an den Boden und stadtklimafest.

Frucht: Bis etwa 1 cm dicke, kugelige bis ovale schwarze Beeren mit hellblauer Bereifung. Fruchtfleisch mit stark färbendem, dunkelpurpurnem Saft. Ab August reifen die Beeren, sie bleiben jedoch oft bis in den Winter hinein auf den Pflanzen.

An Inhaltsstoffen in den Früchten sind vor allem Zucker (9,8 g/100 ml), Fruchtsäuren (48,7 g/l), Vitamin C und andere Vitamine sowie Mineralstoffe zu nennen. Rinde und Wurzeln enthalten die schwach giftigen Alkaloide Berberin (gelber Farbstoff), Oxyberin und Bervulcin.

Verwertung: Die Beeren sind zwar nicht giftig, aber der Verzehr größerer Mengen roher Beeren kann zu Magenverstimmungen führen! Bei der Verwertung sollte man die Samen entfernen (passieren). Die Verwendung besteht vorwiegend in der Mischung mit anderen säurearmen Fruchtarten und als Farbkomponente, wobei vor allem Gelees, Süßmost, Kompotte sowie Weine und Liköre daraus bereitet werden können. (In Amerika wird auch heute noch daraus Wein bereitet.) Andere Gerichte wie Topfen-(Quark-)Speisen sowie Joghurt erhalten durch die Beimengung von Mahoniensaft geschmacklich eine besondere Note.

Immergrünes Ziergehölz mit Blüten- und Fruchtschmuck, auch für schattige Standorte

Standortansprüche und Pflege: Am besten wachsen Mahonien auf nährstoffreichen, mittelschweren Böden mit ausreichender Bodenfeuchte; Trockenheit und hoher Kalkgehalt sind ungünstig. Der Standort kann vollsonnig bis halbschattig sein, die Pflanzen sollten jedoch im Winter nicht intensiver Sonneneinstrahlung und sehr strengen Frösten ausgesetzt sein. Sie regenerieren sich nach dem Rückschnitt oder nach Frostschäden jedoch recht gut.

Krankheiten und Schädlinge: Gelegentlich kann Mehltau auftreten, bei manchen Sorten auch Rost.

Vermehrung und Anzucht: Vermehrung durch Samen, Sorten werden durch Stecklinge vermehrt.

Die Bütenstände der Mahonie (*Mahonia aquifolium*) fallen durch ihre leuchtendgelbe Farbe auf

Sorten und Auslesen: Die folgenden drei Sorten, welche reich fruchten und gute Verarbeitungseigenschaften (dunkelroter Saft mit zitronenähnlichem Geschmack) aufweisen, wurden von der Baumschule Berlin-Baumschulenweg ausgelesen.
Jupiter: Breit-aufrechter Wuchs bis 1,5 m, keine Ausläufer, Blüte hellgelb in aufrechten Blütenständen an den Triebspitzen und zum Teil einzeln entlang der Triebe, Früchte elliptisch bis eiförmig; die Sorte ist etwas mehltauanfällig.
Mirena: Straff-aufrechter Wuchs bis 1,3 m, dichttriebig, keine Ausläufer, Blätter stark dornig gezähnt, rötliche Herbstfärbung. Blüte schwefelgelb, in dichten rundlichen Blütenständen an den Triebenden und entlang der Triebe, Früchte eiförmig. Sehr ertragreiche Sorte, die sich als widerstandsfähig gegenüber Mehltau und Rost erwiesen hat.
Pamina: Ist aus einer Kreuzung von *M. aquifolium x Mahonia repens* hervorgegangen. Wuchs breit, bis 0,8 m hoch, mit Ausläuferbildung. Blüten kräftiggelb, in langen, gehäuft stehenden Trauben, blüht reich und früh; Früchte rundlich, mattblau bereift. Diese Sorte zeichnet sich durch gute Winterhärte und hohe Resistenz gegen Mehltau aus.

Es gibt natürlich noch weitere Sorten, die vor allem als Ziersträucher Verwendung finden. Diese wurden jedoch noch nicht auf eine mögliche Eignung für die Fruchtverwertung untersucht.

Heidelbeere

Fruchtender Heidelbeerstrauch (*Vaccinium myrtillus*), am Naturstandort aufgenommen

Vaccinium myrtillus (*Ericaceae,* Heidekrautgewächse)
Weitere Namen: Schwarzbeere, Blaubeere, Druidenbeere, Waldbeere

Pflanzenmerkmale und Verbreitung: Die Herkunftsgebiete der Heidelbeere sind Europa (in den Alpen bis 2.500 m Höhe), der Kaukasus, Nordasien (bis Mittelsibirien) und das nordwestliche Nordamerika. Sie wächst oft in großen Beständen in lichten Laub- und Nadelwäldern auf sauren Böden, in Heidemooren und Zwergstrauchheiden.

Die sommergrünen Halbsträucher werden etwa 20–50 cm hoch, sind stark verzweigt und weisen eine intensivrote Herbstfärbung auf. Der Zwergstrauch ist stark Ausläufer treibend, die jungen Triebe sind grün, kantig und tragen elliptische bis zugespitzt eiförmige, 1–2,5 cm lange

Wachsen im Gebirge in Zwergstrauchheiden

Blätter. Die eher unscheinbaren, grünlichen Blüten sind rötlich überlaufen und entwickeln sich einzeln auf kurzen, nickenden Stielchen in den Blattachseln im Mai/Juni.

Eignung: Benötigt wie die Preiselbeere saure, mäßig humose Böden. Kann zur Unterpflanzung im Moorbeet, für Heidegärten und in Pflanztrögen verwendet werden. Wichtig für zahlreiche Vögel, Säugetiere und Insekten als Futterpflanze.

Frucht: Die Heidelbeere ist eine kugelige, tiefblau bereifte, vielsamige, 5–8 (–10) mm große Beere, die im Juli/August reift und einen stark färbenden Saft enthält. An Inhaltsstoffen sind organische Säuren, Vitamin C, Gerbstoffe, Pektin, Vitamin A, Vitamin B, Mineralstoffe und Zucker zu nennen.

Naschfrüchte mit stark färbendem Saft

Verwertung: Heidelbeeren stellen ein hochwertiges Wildobst dar. Die Früchte werden nicht nur roh verzehrt, sondern lassen sich zu Saft, Marmelade, Kompott, Wein, Likör und Branntwein verarbeiten. Sie schmecken auch in Kombination mit Milchprodukten, Mehlspeisen (Strudel, Kuchen) und Eis hervorragend, weiters sind sie als natürliches Färbemittel (Wein) besonders geeignet. Die Früchte lassen sich gut tieffrieren und trocknen. Schätzungsweise 5.000–10.000 Tonnen Heidelbeerfrüchte werden allein in Deutschland pro Jahr geerntet!

Der hohe Gerbstoffgehalt und das Pektin brachten der Heidelbeere einen guten Ruf als Volksheilmittel bei Durchfall-Erkrankungen ein. Aus getrockneten Beeren und Blättern bereitete man Tee.

Standortansprüche und Pflege: Benötigt ähnlich der Preiselbeere einen sauren, leicht humosen Standort. Aufbringen von Torf bzw. gut verrottetem Rindenkompost als Bodenverbesserung bzw. Bodenvorbereitung. Bei stark kalkhaltigem Mutterboden tritt alsbald Eisen-Chlorose auf. Mulchen mit verrottetem Nadelstreu.

Krankheiten und Schädlinge: Gelegentlich Blattläuse, Gallmilben und Gallmücken, selten Pilzbefall.

Vermehrung und Anzucht: Teilung der Mutterpflanzen, Stecklinge.

Sorten und Auslesen: Von der heimischen Heidelbeere sind keine Sorten bekannt.

Kulturheidelbeere

Vaccinium corymbosum (*Ericaceae,* Heidekrautgewächse)
Weitere Namen: Gartenheidelbeere, Amerikanische Heidelbeere, Blaubeere

Die Früchte der amerikanischen Kulturheidelbeere (Vaccinium corymbosum) sind gute Naschfrüchte und hervorragend zur Verarbeitung geeignet

Pflanzenmerkmale und Verbreitung: Kommt als Wildform im östlichen Nordamerika vor und wächst dort auf sauren Böden in Sümpfen, Mooren und Wäldern. Der Strauch kann im Gegensatz zur heimischen Heidelbeere über 2 m hoch und bis zu 70 Jahre alt werden. Sie entwickelt sich zu einem straff-aufrechten, dicht verzweigten Strauch mit zahlreichen Basistrieben, im Alter wird die Pflanze breitbuschig.

Ihre wechselständigen, eiförmigen bis lanzettlichen Blätter sind sommergrün und weisen im Herbst eine gelbe bis leuchtend orangerote Färbung auf. Das feine, flache Wurzelsystem ist kaum 40 cm tief reichend und ebenfalls mit Mycorrhiza-Pilzen vergesellschaftet. Etwa ab Ende Mai entwickeln sich an kurzen diesjährigen Trieben die weißen bis leicht gelblichen, krugförmigen Blüten. Sie sind in kleinen Trauben angeordnet und werden vorwiegend von Insekten, insbesondere von Hummeln, bestäubt.

Eignung: Diese Fruchtsträucher lassen sich am Rande von größeren Gehölzpflanzungen in kleinen Gruppen verwenden, in Heidegärten als Einzelsträucher gemeinsam mit anderen schwachwüchsigen Kleinsträuchern und Rhododendren. Man kann sie auch mit Waldheidelbeeren, Preiselbeeren oder Moosbeeren kombinieren, indem man diese als Unterpflanzung für die Kulturheidelbeeren verwendet. Die Kulturheidelbeere ist gut frosthart und deshalb auch in kühleren Regionen gut verwendbar.

Langlebiger Strauch mit regelmäßigem Fruchtertrag

Frucht: Hell bereifte, weißfleischige Beeren, die bis zu 2 cm Durchmesser (Sorten) erreichen können. Im Gegensatz zur heimischen Heidelbeere besitzen die Kulturheidelbeeren keinen färbenden Saft! Die Beeren reifen unregelmäßig, je nach Sorte, von Anfang Juli bis Ende September. Ihr Geschmack ist süß und angenehm.

Verwertung: Vor allem für den Rohverzehr geeignet, jedoch ähnlich der Waldheidelbeere verwertbar. Allein 100.000 Tonnen werden jährlich in Amerika geerntet, daneben gibt es auch größere Anbauflächen in Europa.

Standortansprüche und Pflege: Sehr gut winterhart, benötigt jedoch eine etwa 30 cm tief reichende Bodenverbesserung mit ungedüngtem Rohtorf oder gut verrottetem Rindenkompost. Der Boden darf weder Staunässe noch Trockenheit aufweisen. Ein vollsonniger Standort ist für eine gute Blütenbildung, die Ausreife und den Geschmack der Beeren notwendig. Abdeckung des Wurzelbereiches mit Rindenmulch oder Ähnlichem.

Regelmäßiges Auslichten bringt eine gute Ernte

Ein Schnitt während der Winterruhe ist anzuraten, abgestorbene und beschädigte Triebe müssen entfernt werden. Die Blütenbildung erfolgt am einjährigen Holz, deshalb sollte man darauf achten, dass immer genügend junge Triebe vorhanden sind. Die älteren, etwa 3-jährigen Triebe, entfernt man bodennah. Eine Verjüngung erfolgt durch Neutriebe aus dem Wurzelstock.

Krankheiten und Schädlinge: Vor allem beim Anbau in Plantagen können Krankheiten wie die Anthraknose-Fruchtfäule, Grauschimmel, Godronia-Triebsterben, Rostpilze und die Ringfleckenkrankheit auftreten. Allerdings sind diese Krankheiten bei uns unbedeutend.

An tierischen Schädlingen sind Blattläuse und Thrips zu nennen, Vögel können die Früchte oft schon im unreifen Zustand fressen, Rehe und Hasen richten unter Umständen an jungen Trieben größere Schäden an.

Vermehrung und Anzucht: Kann durch Grünstecklinge und Steckholz erfolgen. Im Hausgarten wird man die Kulturheidelbeeren am einfachsten durch Absenker vermehren. Bei Neuzüchtungen hat auch die Meristem-Vermehrung eine Bedeutung.

Sorten und Auslesen: Kulturheidelbeeren wurden aus der in Amerika heimischen *Vaccinium corymbosum* und verwandten Arten gezüchtet. Es gibt zahlreiche früh bis sehr spät reifende Sorten, die in der aktuellen Beerenobstliteratur beschrieben beziehungsweise in aktuellen Baumschulkatalogen (mit Kurzbeschreibungen) angeboten werden. Einige Sorten mit gutem Geschmack: früh reifend ***Reka, Duke, Bluetta*** und ***Spartan;*** mittelfrüh reifend: ***Patriot, Bluecrop*** und ***Toro;*** spät bis sehr spät reifend: ***Sunshine Blue, Coville*** und ***Darrow.***

Preiselbeere

Immergrüne Zwergsträucher mit Früchten bis in 2.500 m Höhe

Vaccinium vitis-idae (*Ericaceae*, Heidekrautgewächse)
Weitere Namen: Kronsbeere, Kranichbeere, Fuchsbeere, Steinbeere, Grantlbeere, Rote Heidelbeere

Pflanzenmerkmale und Verbreitung: Die natürlichen Vorkommen der Preiselbeere erstrecken sich von Europa über Sibirien bis nach Asien

(Japan) und westlich bis Nordamerika. In Europa wächst sie insbesondere in Skandinavien, auch in Deutschland, Österreich (in den Alpen bis in 2.500 m Höhe), Polen und auf den Britischen Inseln, im Kaukasus und auf dem Balkan; Einzelvorkommen gibt es auch in Frankreich und in Italien (Apennin).

Preiselbeersträucher sind etwa 10–30 cm hohe, nur wenig verzweigte, immergrüne Zwergsträucher mit glänzend dunkelgrünen, 0,5–2,5 cm großen Blättern. Mit Hilfe der dünnen Rhizome kann sich die Pflanze flächig ausbreiten.

Die glockigen, weißen bis rötlichen Blüten entwickeln sich im Mai (bis Juni) in endständigen Trauben und bestehen aus bis zu 20 Einzelblüten. In tiefen, wärmeren Lagen können sie im Juli (August) ein zweites Mal blühen. Der Standort sind Misch- und Nadelwälder, Zwergstrauchheiden, Moore und windgeschützte Felsgesimse.

Preiselbeerstrauch (Vaccinium myrtillus), am Naturstandort aufgenommen

Eignung: Da Preiselbeersträucher saure Bodenbedingungen (pH-Wert zwischen 3,5–5,5) benötigen, werden sie vorwiegend in Moorbeeten und als Unterpflanzung zu Rhododendren sowie als attraktiver Bodendecker in Heidegärten verwendet. Bei zunehmender Beschattung leidet allerdings die Blütenbildung, und damit fällt auch der Fruchtansatz geringer aus. Preiselbeeren lassen sich bei entsprechender Pflege auch gut in Trögen kultivieren.

Frucht: Die etwa erbsengroßen (0,5–1 cm) Früchte sind rund, hart, scharlachrot glänzend und reifen im August/September. Die vielsamigen Beeren haben eine leicht mehlige Konsistenz, sind innen weiß und schmecken säuerlich-herb-aromatisch.

Besonders erwähnenswert ist der hohe Gehalt an Benzoesäure und Vitamin C (10–20 mg/100 g). Sie sind verantwortlich für die lange Haltbarkeit der Früchte. Unter anderem sind noch Zucker, Zitronensäure, zahlreiche organische Säuren, Provitamin A, Vitamin B, Gerbstoffe, Pektin sowie Mineralstoffe (Kalium, Kalzium, Magnesium und Phosphor) etc. anzuführen.

Fruchtsorte 'Koralle' der Preiselbeere

Verwertung: Man kann Preiselbeeren zwar roh mit Zucker essen, vorwiegend werden die herb-säuerlichen Früchte aber für Konfitüre, Kompott, Marmelade, Mus, Saft, auch in Kombination mit Joghurt, als Kaltschale, Fruchtbelag für Gebäck und Beilage zu Wildbraten etc. verwendet. Auch Wein und Branntwein lassen sich daraus herstellen.

Früchte und Blätter sind verwertbar, aber auch Insekten und Vögel erfreuen sich an den Früchten

Die Blätter werden als Tee bei Erkältungen, rheumatischen Leiden und bei Erkrankungen der Harnorgane eingesetzt.

Die ganze Pflanze verwendete man zum Gerben und Färben. Die Früchte dienen zahlreichen Vögeln, Säugetieren und Insekten als Futter.

Standortansprüche und Pflege: Wie die meisten Vertreter der Heidekrautgewächse benötigt auch die Preiselbeere besondere Standortbedingungen, optimal wäre ein saurer, humoser oder sandig-humoser, nicht allzu nährstoffreicher Standort (pH-Wert von 4–5). Sie kommt allerdings mit leichtesten Böden noch gut zurecht und ist besonders frosthart (bis –22 °C).

Preiselbeeren-Sträucher nur für saure Böden, in Symbiose mit Mykorrhiza-Pilzen

Eine Düngung sollte nur mit physiologisch sauren Düngern erfolgen, Stickstoffdüngung wirkt sich meist negativ aus. Staunässe wird nicht vertragen. Bei sehr kalkhaltigen Mutterböden ist eine Pflanzung in Trögen anzuraten, ansonsten könnte eine 15–20 cm dicke Schicht aus Torf aufgebracht werden. Die Einbringung von Mykorrhiza-Pilzen wirkt sich günstig auf die Entwicklung der Pflanzen aus. Schnittmaßnahmen sind nicht notwendig, eventuell vergreiste sowie erkrankte Triebe entfernen.

Krankheiten und Schädlinge: Bislang auftretende pilzliche Erreger haben bei der Preiselbeere kaum Bedeutung. Der Pilz *Diaporthe vaccinii* kann bei Preiselbeeren ein Triebsterben verursachen, wobei die Triebe von der Spitze her absterben. Man sollte diese Triebe abschneiden und verbrennen.

Eventuell auftretende Pilze der *Sclerotina*-Gruppe verursachen einen weißen, schimmelartigen Überzug der Blätter und Sprosse. Preiselbeeren werden gerne von Hasen und Rehen verbissen.

Vermehrung und Anzucht: Preiselbeeren lassen sich durch Stecklinge oder Teilung der Rhizome einfach vermehren. Für die Gewinnung größerer Pflanzenmengen wird heute auch die In-vitro-Vermehrung betrieben.

Sorten und Auslesen: Es gibt einige reich fruchtende Auslesen, die bekanntesten sind:

Koralle: Sie wurde 1969 in den Niederlanden als Zierstrauch gezüchtet. Es handelt sich hier um eine mittelstarke, stark aufrecht wachsende, Ausläufer treibende Sorte mit mittelgroßen Blättern und mittelgroßen Früchten. Diese sind wegen des herb-sauren Geschmackes für den Frischverzehr nicht geeignet.

Erntedank: Stammt aus Deutschland, wurde 1975 in den Handel gebracht. Sie ist schwachwüchsig, trägt kleine Blätter, blüht und fruchtet jedoch sehr reich und bringt fast alljährlich zwei Ernten. Die kleinen, hell-

roten, früh reifenden Früchte sind nur schwach sauer und deshalb auch für den Frischverzehr geeignet.
Erntekrone: Stammt aus Deutschland (1978). Diese mittelstark wachsende, allerdings ertragreiche Sorte entwickelt mittelgroße, dunkelrote Früchte, die mittelfrüh ausreifen und wegen des mild-sauren Geschmackes ebenfalls für den Frischverzehr geeignet sind.
Erntesegen: Aus Deutschland stammend, mit (bis zu 1 cm) großen, hellroten Beeren und guten Erträgen, spät reifend.
Sussi: Eine Wildauslese aus Schweden, mit großen, dunkelroten Beeren, reift uneinheitlich. Weitere Sorten sind noch ***Erzgebirgsperle*** (1985), ***Red Pearl*** (1982, Niederlande) sowie ***Sanna, Linnea*** und ***Ida*** aus Schweden.

Großfrüchtige Moosbeere, Cranberry

Die Cranberry oder Kranichbeere (Vaccinium macrocarpon) entwickelt relativ große Früchte

Mattenbildender Bodendecker mit großen roten „Preiselbeeren“

Vaccinium macrocarpon (Syn.: Oxycoccus macrocarpos) (*Ericaceae*, Heidekrautgewächse)
Weitere Namen: Kranichbeere oder Amerikanische Moosbeere. Gelegentlich wird sie auch als Kulturpreiselbeere oder Gartenpreiselbeere bezeichnet.

Pflanzenmerkmale und Verbreitung: Die Cranberry stammt aus dem Nordosten Nordamerikas und wächst dort entweder auf den Sandböden der Küsten oder in Mooren. Bereits seit Langem wurde sie von den dort ansässigen Indianern sehr geschätzt. Es ist ein am Boden kriechender, 10–30 cm hoher Halbstrauch mit bis zu 80 (bis zu 180) cm langen immergrünen Trieben, die mit zunehmendem Alter dichte Matten bilden.

Ihre immergrünen, wechselständigen Blätter sind nur sehr klein (0,5–1,5 cm lang) und können bis zu drei Jahre alt werden. Die Pflanzen selbst können angeblich bis zu 100 Jahre alt werden. An aufrechten Trieben werden im Juni/Juli unzählige glockige, weißlich rosa Blüten gebildet, welchen sie auch den Namen „Kranichbeere“ verdanken. Ende September/Oktober reifen die je nach Sorte leuchtend roten bis dunkelroten Früchte. Erntet man sie nicht, dann bleiben sie bis in den Winter hinein am Strauch.

Eignung: Sie benötigen sandig-humose, saure Böden (optimal sind pH-Werte zwischen 5,0 und 5,5) mit genügend hoher Bodenfeuchte. Frost-

und trockenempfindlich. Sie können im Moorbeet als Bodendecker zur Unterpflanzung von Rhododendren oder Heidelbeeren verwendet werden. Man kann sie auch in Balkonkistchen im Halbschatten versuchen.

Detail der Triebe und Früchte der Cranberry oder Kranichbeere

Frucht: Cranberry-Früchte sind von runder bis ellipsoider Gestalt und können 1–1,5 cm (bei Kulturformen bis mehr als 2 cm) groß werden. Inhaltsstoffe wie bei der Moosbeere, der säuerliche, etwas bittere Geschmack ähnelt jenem der Preiselbeere.

Die Wachsschicht der Fruchtschale und natürliche „Konservierungsstoffe" (Benzoesäure, Vaccinin sowie 7,5–13,5 mg Vitamin C) halten die Früchte in gekühltem Zustand mehrere Monate frisch. An Inhaltstoffen sind insbesondere: 7–13 mg Kalzium, 0,2–0,4 mg Eisen, 5,5 mg Magnesium, 1,0–2,0 mg Natrium, 7,5–10,5 mg Phosphor, 53–71 mg Kalium und Vitamin A 40 I. E./U. I. enthalten

Verwertung: Die Früchte sind gut haltbar und vielseitig zu verwerten. Sie werden zu Gelee, Säften, Sirup, Kompott und Marmeladen verarbeitet und für Mehlspeisen sowie als Beigabe zu Cremes verwendet. Als Saucen werden sie als Beigabe zu Wild und Fleisch gereicht, auch tieffrieren kann man sie. Besonders schmackhaft sind sie aber in getrockneter Form. Auch Cranberry-Saft und Cranberry-Nektar wird inzwischen angeboten.

Energie- und Vitaminlieferant der Indianer in den Wintermonaten

Sie wurden bereits von den Indianern als Energie- und Vitaminlieferant genutzt. Die Indianer aßen die Früchte roh oder vermischten sie mit Ahornsirup. Eine weitere „Spezialität" der Indianer war das „pemmican", eine Mischung aus getrocknetem Wildfleisch, gestampften Cranberries und geschmolzenem Fett, welches in Formen gegossen und in der Sonne getrocknet wurde. Wegen der langen Haltbarkeit diente „pemmican" als willkommener Energie- und Vitaminlieferant in den kargen Wintermonaten.

Ursprünglich wurden Cranberries nur aus Wildbeständen gesammelt, heute werden sie in Plantagen angebaut. In Amerika ist die Große Moosbeere eine der wirtschaftlich wichtigsten Obstarten mit plantagenmäßigem Anbau (über 10.000 Hektar, 100.000 Tonnen Cranberries wurden allein 1995 geerntet).

Fruchte enthalten Benzoesäure, Vitamin C und Pektin und sind lange haltbar

In früheren Zeiten aßen bereits die Walfänger die Beeren um sich vor der Vitamin-C-Mangelkrankeit Skorbut zu schützen, auch auf langen Schiffsreisen wurden Cranberries vorbeugend gegen Skorbut eingesetzt. Heute werden Cranberries bei Infektionen der Harnwege als unterstützende Maßnahme medizinisch genutzt. Der ausgewogene Mineralstoff- und Vitamingegalt wirkt sich auch positiv auf die Magen- und Darmflora aus.

Standortansprüche und Pflege: Schnitt- und Pflegemaßnahmen sind nicht notwendig. Die Pflanzen sind überall voll winterhart.

Vermehrung und Anzucht: Die Vermehrung ist durch Ablegen der Triebe beziehungsweise durch Stecklinge möglich.

Krankheiten und Schädlinge: Keine bekannt

Sorten und Auslesen: ***Red Star*** wird in Österreich angeboten, bekannte Sorten (teils aus Kreuzungen hervorgegangen) sind unter anderem ***Early Black, Howes, McFarlin, Pilgrim, Franklin*** und ***Searles.***

Weitere Arten

Weitere beerentragende Vertreter der Heidekrautgewächse (*Ericaceae,* Heidekrautgewächse)

Moosbeere *(Vaccinium oxycoccus)*

Weitere Namen: Gemeine Moosbeere, Sumpfbeere, Krahnsbeere

Ist auf der gesamten nördlichen Hemisphäre (zirkumpolar) verbreitet. Der bodendeckende Halbstrauch entwickelt weit kriechende, dem Boden aufliegende, verholzende Triebe und trägt wintergrüne Blätter. Diese sind länglich-lanzettlich, nur sehr klein (0,4–1 cm lang), dunkelgrün glänzend und im Winter rötlich. Ihre im Juni/Juli erscheinenden rosa Blüten sitzen zu 1–4 auf kurzen, aufrechten Blütentrieben. Die Kronblätter sind tief gespalten und turbanartig zurückgeschlagen.

Die Früchte erinnern ein wenig an Preiselbeeren, sind rund bis birnenförmig, erbsengroß, erst weißlich, später dunkelrot, saftig und säuerlich (Apfel- und Zitronensäure) und nach den ersten Herbstfrösten essbar. Sie können aber auch bis zum Frühjahr an den Sträuchern bleiben und erst dann verwertet werden. Neben Fruchtsäuren sind vor allem Vitamin C (30 mg/100 g Frischsubstanz), Pektin und Mineralstoffe enthalten. Verwertung wie die Preiselbeere.

Bei uns seltene Preiselbeeren-Verwandte mit geringem Fruchtbesatz

Besonders reiche Vorkommen der Moosbeere gibt es in Finnland und Nordrussland. Hier wird aus den Beeren ein erfrischendes, schwach alkoholisches Getränk („Kwass“) hergestellt.

Red Huckleberry *(Vaccinium parviflorum)*

Weitere Namen: Rotfrüchtige Heidelbeere

Diese neue Beerenart wird etwa 1,5–2 m hoch und entspricht in ihrem Wuchsverhalten etwa der Kultur-Heidelbeere. Blätter und Triebe ähneln jedoch jenen der heimischen Waldheidelbeere. Die dunkelroten Blütenknospen öffnen sich von Mai bis Juni zu glockenförmigen, gelblich weißen Blüten. Von Juni bis August reifen die glänzend-korallenroten Heidelbeerfrüchte, die im Geschmack an säuerliche Johannisbeeren erinnern. Die Pflanzen sind frosthart und benötigen ebenso wie ihre Verwandten humose, saure Böden.

Detail der Rauschbeere mit Blättern und Früchten

Rauschbeere *(Vaccinium uliginosum)*

Weitere Namen: Moorbeere, Tränkelbeere oder Sumpf-Heidelbeere

Ist von Nordamerika über Europa bis Sibirien, vom Tiefland (Hochmoore) bis in die Alpenregionen bis 2.400 m Höhe verbreitet. Der besenartig aufrecht wachsende, buschig verzweigte, Ausläufer treibende Kleinstrauch (0,2–0,8 m Wuchshöhe) mit kleinen sommergrünen Blättern hat eine gelborange Herbstfärbung. Seine kleinen, glockenförmigen, weißlichrosa Blüten erscheinen im Mai/Juni.

Die schwarzen, kugeligen Beeren reifen im August, sind blau bereift, essbar und schmecken süß, aber fade. Das Fruchtfleisch ist nicht färbend! Die Früchte sind giftverdächtig, nach dem Verzehr größerer Mengen kann es zu Schwindelgefühl, rauschartigen Zuständen oder Erbrechen kommen, daher auch der Name „Rauschbeere". Wahrscheinlich liegt dies jedoch nicht an den Früchten selbst, sondern an einem an der Pflanze schmarotzenden Pilz *(Sclerotina megalospora)*, der diese Zustände verursacht.

Die Rauschbeere wächst auf nassen bis frischen, nährstoffarmen, sauren oder sandig-humosen Böden. Wird als Ziergehölz in Heide- und Moorgärten verwendet. In Finnland dient sie wegen ihrer guten Frosthärte als Kreuzungspartner für Kulturheidelbeeren.

Rubusarten

Kratzbeere oder Ackerbrombeere *(Rubus caesius)*

Ist ein kleiner, kaum 1 m hoher Strauch mit oft mehrere Meter langen, niederliegenden stacheligen Trieben, die sich an den Spitzen bewurzeln und dadurch Dickichte bilden. Dreizählige Blätter und weiße, wenigblütige Doldenblüten im Mai/Juni charakterisieren diese Pflanze. Es entwickeln sich schwarze, auffällig blau bereifte, aus wenigen Einzelfrüchten zusammengesetzte Sammelfrüchte mit saurem Geschmack (nicht besonders schmackhaft) von Juli bis Oktober.

Schwedische Ackerbeere *(Rubus arcticus)*

Ist eine niedrig wachsende Staude der nördlichen Halbkugel und bildet gelbbraune, süße Früchte aus. Von ihr stammt die All-Ackerbeere *(R. arcticus var. stellarcticus)* ab. Diese ist eine niedrig wachsende, sich stark ausbreitende Pflanze mit dunkelroten Früchten, die angenehm säuerlich und aromatisch schmecken. Eignet sich für Frischverzehr und Verarbeitung. Sie benötigt feuchte Böden mit saurer Bodenreaktion.

Frucht der Moltebeere

Moltebeere *(Rubus chamaemorus)*

Die Moltebeere, Multebeere oder Torfbeere (engl: Cloudberry) kommt nur in Nordeuropa in den Torfmooren Norwegens und Finnlands vor. Zweihäusige, etwa 20 cm hohe Staude mit dünnen, unbewehrten Trieben. Ihre weißen, etwa 3 cm großen Blüten erscheinen von Mai bis Juli. Daraus entwickeln sich im Spätsommer (Juni bis September) große, hell orangegelbe, wohlschmeckende (leicht bitterer, säuerlicher Geschmack) Sammelfrüchte mit großen Steinfrüchten.

Die Pflanze wächst auf sauren, moorigen Böden. In Nordskandinavien wächst sie häufig in den Moorgebieten, Früchte und daraus bereitete Marmelade wird verkauft. Die Früchte enthalten viel Vitamin C und dienen als Vitaminspender.

Die Früchte werden in der Volksmedizin bei Erkältungen und Halsschmerzen angewandt, sie haben auch antibakterielle und antibiotische Eigenschaften.

Die Walderdbeere (Fragaria vesca) entwickelt sich im Garten sehr üppig

Walderdbeere

Fragaria vesca (*Rosaceae*, Rosengewächse)

Pflanzenmerkmale und Verbreitung: Die Walderdbeere zählt zu den Rosengewächsen und kommt in den gemäßigten Zonen Eurasiens vor. Die Erdbeerpflanze ist cinc 5 20 cm hohe Pflanze mit dickem Wurzelstock und grundständiger Blattrosette, ihre dreizähligen Blätter weisen gezähnte Blattränder auf. Sie entwickelt zahlreiche lange Ausläufer. Die fünfzähligen, weißen Blüten, meist sind es 3–10, sitzen an einem aufrechten Stiel.

Eignung: Walderdbeeren kann man an sonnigen Gehölzrändern, entlang von Wegen und auf Böschungen auspflanzen und verwildern lassen.

Frucht: Die „Erdbeere" ist eine Scheinfrucht (Sammelfrucht), die sich aus dem Blütenboden entwickelt, der nach dem Verblühen fleischig wird. Auf ihr sitzen die zahlreichen kleinen echten Nüsschen, die eigentlichen Früchte. Zur Reifezeit im Juni/Juli sind die Erdbeeren etwa 1–2 cm groß, rot und entfalten nun erst ihr unverwechselbares Aroma. Wertvolle Inhaltsstoffe wie Mineralstoffe, Fruchtsäuren und lösliche Kohlenhydrate, aber auch Vitamin C (60 mg/100 g Früchte) sind in den schmackhaften Früchten enthalten.

Aromatische, schmackhafte Früchte mit wertvollen Inhaltsstoffen

Verwertung: Walderdbeeren sind köstlich schmeckende Wildfrüchte, man kann sie aber auch verschiedensten Verwertungen zuführen: gemeinsam mit Milchprodukten, als Marmelade und Gelee, Saft, Fruchtwein, Fruchtsekt, Sirup, Likör und Erdbeergeist, aber auch für Essig, Bowlen, Eis, Kompotte, als Kuchenbelag etc.

Die Blätter werden zur Bereitung von Tees verwendet. Extrakten aus Blättern, Früchten und dem Wurzelstock werden positive medizinische Wirkungen zugeschrieben. Manche Menschen sind allerdings gegen Erdbeeren allergisch und reagieren beim Genuss dieser Früchte mit einem Nesselausschlag.

Standortansprüche und Pflege: Sonnige Standorte auf mäßig feuchten bis mäßig trockenen, nährstoffreichen und etwas lehmigen Böden.

Krankheiten und Schädlinge: Treten bei Walderdbeeren kaum auf, eventuell Grauschimmel und Mehltau.

Vermehrung und Anzucht: Erfolgt einfach durch Abtrennung der Ausläufer.

Sorten und Auslesen: Sind von der Walderdbeere nicht bekannt bzw. nicht im Handel. Näheres zu Kultursorten der Gartenerdbeere siehe „Beerenobst" (Leopold Stocker Verlag).

Kletterpflanzen

Sie können insbesondere als Zierpflanzen zur Berankung von Mauern, Pergolen, Zäunen oder anderen Gerüsten verwendet werden. Damit erschließen die Wildobstgehölze eine weitere Dimension im Garten.

Akebie

Akebia quinata, Akebia trifoliata (*Lardizabalaceae,* Fingerfruchtgewächse)

Diese hochwindende (6–10 m) Schlingpflanze ist in China, Japan und Korea beheimatet. Es ist dies eine dekorative Kletterpflanze zur Begrünung von Pergolen, Wänden oder zur Berankung von Zäunen oder größeren Bäumen. Sie ist anpassungsfähig an den Standort, in der Jugend jedoch etwas frostempfindlich.

Sie trägt sommergrüne, sehr dekorative Blätter, die aus 5 bzw. 3 Teilblättchen zusammengesetzt und wechselständig angeordnet sind. Die eingeschlechtlichen Blüten sind auffallend violettbraun bis rosa, duftend und erscheinen im Mai. Daraus entwickeln sich bereifte, hellviolette bis purpurviolette, gurken- bis wurstförmige Früchte von 5–10 cm Länge. Ihr gallertartiges, süßlich schmeckendes Fleisch wird in Asien roh verzehrt.

Wahrlich exotisch wirken die bunten Früchte der Akebie (Akebia quinata), die in Asien gegessen werden

Chinesische Kiwi

Actinidia deliciosa, Syn.: Actinidia chinensis (*Actinidiaceae,* Strahlengriffelgewächse)

Weitere Namen: Kiwi, Kiwifrucht, Chinesische Stachelbeere

Mini-Kiwi (*Actinidia arguta*)

Pflanzenmerkmale und Verbreitung: Die Kiwipflanze ist in Ost-China beheimatet, sie wächst dort in den Auenwäldern des Jangtsekiang-Flusses und wurde bereits vor mehr als 1.000 Jahren kultiviert. Sie wurde um 1850 von Fortune als Zierpflanze nach England gebracht. Etwa um die Wende des 20. Jahrhunderts gelangten Samen nach Neuseeland, wo man einige Jahrzehnte später (in den fünfziger Jahren) deren kommerziellen Wert als Obstart entdeckte.

Leicht erkennt man die Chinesische Kiwi (Actinidia deliciosa) an ihren großen, weich behaarten Blättern und den Früchten mit der rostigen Behaarung

Ursprünglich waren ihre Früchte als „Chinese Gooseberries" bekannt, erst ein kalifornischer Früchteimporteur bezeichnete sie als „Kiwi" (das ist eigentlich der Name des flugunfähigen neuseeländischen Laufvogels), um die Früchte besser auf dem amerikanischen Markt verkaufen zu können. In verschiedenen Ländern, auch in zahlreichen Mittelmeerländern, wird diese subtropische Pflanze plantagenmäßig kultiviert, bei uns ist die Kultur wegen der hohen Wärmeansprüche jedoch nur für Liebhaber von Bedeutung.

Die Kiwipflanze ist eine starkwüchsige, bis 10 m hoch wachsende Kletterpflanze mit relativ großen (5–20 cm), dicken, herzförmigen, unterseits behaarten Blättern und dicht mit rötlichen Haaren bedeckten Jungtrieben. Die jungen Triebe sind sehr brüchig. Aus den unteren 7 bis 8 Blattachseln der Neutriebe, die aus den einjährigen Trieben hervorgehen, entwickeln sich im Mai bis Juni die Blüten. Sie sind zweihäusig, männliche und weibliche Blüten getrennt und meist auf verschiedenen Pflanzen verteilt.

Eignung: Kiwipflanzen benötigen ein kräftiges Gerüst. Man kann sie an Hausmauern, Pergolen oder Zäunen ziehen, wichtig ist auf jeden Fall ein sehr geschützter Standort. Die Kiwipflanze ist nur in Gebieten mit Weinbauklima ausreichend winterhart.

Früchte der Chinesischen Kiwi

Frucht: Die Früchte sind oval, etwa hühnereigroß und können bei Sorten ein Einzelfruchtgewicht von bis zu 80 (–120) g erreichen. Sie reifen in unserem Klimagebiet erst spät im Herbst (November). Die Haut der bräunlichen Früchte ist mit zahlreichen braunroten Härchen (pelzige Schale) besetzt. Das Fruchtfleisch der Kiwi ist intensiv grün gefärbt und schmeckt angenehm süß-säuerlich.

Sie ist reich an Vitaminen und Mineralstoffen (Kalium, Kalzium, Eisen). Unter anderem beträgt der Vitamin-C-Gehalt 120–300 mg/100 g. Außerdem beinhaltet sie Kohlenhydrate 10,1 g/100 g, Eiweiß 1g/100 g,

Gesamtsäure 1,38 g/100 g und das eiweißspaltende Enzym Actinidin. Dieses Enzym verhindert das Festwerden von Gelatinespeisen, macht Fleisch zarter und ruft in Verbindung mit Milchprodukten einen bitteren Geschmack hervor.

Verwertung: Kiwis, mittlerweile als Obstart eingeführt, sind vorwiegend für den Frischverzehr geeignet und stellen eine delikate Bereicherung der bekannten Obstarten dar. Man kann sie auch für Obstsalate, als Kuchenbelag, für Konditoreiprodukte, zum Garnieren von Süßspeisen, Salaten, Käseplatten etc. verwenden. Auch für Liköre, Fruchtsäfte, Multivitaminsäfte wird die Kiwi gerne verwendet, sogar Fruchtwein kann man daraus bereiten. Daneben kann sie zu Marmelade, Gelee und Kompott verarbeitet werden.

Standortansprüche und Pflege: Die wärmedürftige Kletterpflanze benötigt einen geschützten Standort im Weinbauklima. Sie braucht einen humusreichen, lockeren Boden, wobei der pH-Wert im leicht sauren Bereich (unter 6,0) liegen sollte. Man benötigt für 6–8 weibliche zumindest 1 männliche Pflanze.

Schnittmaßnahmen sind wichtig, denn die Blüten bzw. Früchte sitzen jeweils an der Basis der neugebildeten Triebe. Im Sommer sollten diese Triebe auf 6 bis 8 Blätter nach der äußersten Frucht eingekürzt werden, auch zu dicht stehende oder konkurrierende Triebe werden entfernt. Nach einigen Jahren sollte das abgetragene Fruchtholz (welches bereits älter als 3 Jahre ist) ganz entfernt werden. Dies erfolgt im Spätwinter, etwa Mitte Februar bis Mitte März.

Krankheiten und Schädlinge: Sind kaum bekannt. Bei zu hohem Kalkgehalt ist mit Chlorose zu rechnen, auch Früh- und Spätfröste verursachen Schäden. Windbruch kann an Jungtrieben Schaden anrichten.

Vermehrung und Anzucht: Am einfachsten durch Absenker. Man kann auch aus Wurzelschnittlingen von 1–2 cm Dicke und 5–6 cm Länge neue Pflanzen heranziehen. Eine Vermehrung durch Grünstecklinge setzt entsprechende Vermehrungseinrichtungen voraus. Auch eine Veredelung durch verschiedene Methoden (Augen- und Reiserveredelungen) ist möglich.

Sorten und Auslesen:
Hayward: Ist die bekannteste Sorte, die in Plantagen angebaut und auf dem Markt angeboten wird. Sie bringt große Früchte mit braungrüner, sehr filzig behaarter Haut. Die Früchte wiegen etwa 75–100 (–120) g, die Reife erfolgt Mitte bis Ende November.

Abbott: Ist früher blühend und bringt zahlreiche mittelgroße, längliche Früchte. Sehr süß, kaum bitter, ausgeprägter Stachelbeergeschmack.
Bruno: Eine Sorte mit großen Früchten und dunkler Haut, etwas süßer.
Green Light: Eine weibliche, frühreife Sorte mit sehr großen und süßen Früchten. Geringes Frostrisiko durch späte Blütezeit.
Kiwigold: Große, wenig behaarte gelblich braune Früchte, Fruchtfleisch gelb, kann mit der Schale gegessen werden. Eine Lagerung der Früchte bis etwa Januar im Keller soll möglich sein. Pflanzen benötigen in den ersten 2–3 Jahren Winterschutz.
Monty: Spät blühende Sorte, reich fruchtend, aber kleinere Früchte, ein wenig bitter und sauer.
Starella: Große, walzenförmige Früchte mit bräunlicher, dicht behaarter Schale. Mittelsüß, saftig und aromatisch duftend. Reifen von Ende Oktober bis Mitte November. Hoher Ertrag, Sorte ist anpassungsfähig, chloroseempfindlich.
Jenny: Trägt weibliche und männliche Blüten, ist selbstfruchtbar. Geschmack fein süß-säuerlich, ähnlich Hayward, die Früchte sind jedoch kleiner. Erntezeit ab Mitte November. Eignet sich nicht als Befruchtersorte.
Matua und ***Tumori:*** Männliche Befruchtersorten für alle weiblichen Kiwisorten, eignen sich auch als Befruchter für *Actinidia-arguta*-Sorten.

Männliche (oben) und weibliche (unten) Blüten sind getrennt auf verschiedenen Pflanzen verteilt

Mini-Kiwi

Actinidia arguta (*Actinidiaceae,* Strahlengriffelgewächse)
Weitere Namen: Strahlengriffel, Japanische Honigbeere, Bayernkiwi, Kleine Kiwi, Kahle Kiwi

Pflanzenmerkmale und Verbreitung: Natürliche Vorkommen der Mini-Kiwis gibt es in Japan, Korea, Nordostchina bis in den Ost-Himalaja und nach Sibirien.

Mini-Kiwis sind starkwüchsige, linkswindende Kletterpflanzen mit einer Wuchshöhe bis 10 m. Die wechselständig angeordneten Blätter sind etwa 8–12 cm lang, breit eiförmig bis elliptisch und besonders durch die roten Blattstiele leicht erkennbar.

Von Anfang bis Mitte Juni erscheinen die duftenden Blüten in achselständigen Trugdolden, wobei die Einzelblüte etwa 2 cm groß und weiß bis cremefarben ist. Üblicherweise sind die Blüten zweihäusig, gelegentlich kommen aber auch Typen mit zwittrigen Blüten vor. Die meisten Sorten haben zwittrig erscheinende Blüten, sind aber selbstunfruchtbar und auf männliche Befruchtersorten angewiesen. Männliche Blüten enthalten

Starkwüchsige Kletterpflanze mit guter Frosthärte

ausschließlich purpurne Staubgefäße, während bei den weiblichen Blüten neben den zahlreichen strahlenförmig angeordneten Griffeln und Narben auch Staubblätter vorhanden sein können.

Eignung: Mini-Kiwis sind besonders frostharte, jedoch starkwüchsige Kletterpflanzen mit geringen Ansprüchen, einer schönen reingelben Herbstfärbung und schmackhaften Früchten. Die Pflanzen eignen sich zur Begrünung von Hauswänden, Mauern oder Pergolen.

Frucht: Die Früchte selbst sind vielsamige Beeren, die ein wenig an Stachelbeeren erinnern und deswegen gelegentlich auch als „Mandschurische Stachelbeeren" bezeichnet werden. Sie können etwa 2–4 cm lang werden, haben aber im Gegensatz zu den „echten" Kiwis eine grüne oder bräunlich grüne, gelegentlich auch rötliche glatte Schale und reifen ab September/Oktober.

Verschiedene Mini-Kiwi-Sorten im Vergleich: fruchtende Zweige (oben) und Früchte im Detail (unten)

Hervorzuheben ist der feine, etwas an Stachelbeeren erinnernde Geschmack. Die Früchte sind süß (10–18 g/100 g Zucker), der Vitamin-C-Gehalt mit 60–300 mg/100 g relativ hoch. Erwähnenswert sind noch ein hoher Vitamin-E-Gehalt sowie hohe Gehalte an Calcium, Kalium, Eisen und Ballaststoffen. Die Früchte sind reich an bioaktiven, gesundheitsfördernden Stoffen. Die Pflanzen neigen zu Alternanz.

Verwertung: Die Früchte der Mini-Kiwis sind recht vielseitig verwendbar. Zum einen eignen sie sich für den Rohverzehr, da sie im reifen Zustand (wenn die Früchte beginnen, weich zu werden) angenehm süß schmecken und somit als Dessertfrüchte interessant sind. Im Gegensatz zu den großen Kiwis werden sie mit der glatten, dünnen Schale gegessen. Bei manchen Typen kann beim Verzehr größerer Mengen ein leichtes Brennen auf der Zunge festgestellt werden. Größere Mengen von frisch verzehrten Früchten können bei empfindlichen Personen unter Umständen abführend wirken, jedenfalls sind Mini-Kiwis verdauungsfördernd.

Vielsamige Beere mit glatter, essbarer Schale

Obwohl sich die Mini-Kiwis für eine längere Lagerung nicht eignen, kann man sie für einige Tage kühl aufbewahren. Ihre Verwertungsmöglichkeiten sind darüber hinaus noch vielfältig: sie eignen sich zur Herstellung von Marmelade und Gelee, Kompott, auch Saft und Wein lassen sich daraus bereiten. Sogar Kiwi-Likör, Kiwi-Brand und Kiwi-Schokolade wird mittlerweile angeboten. Man kann die Früchte auch tieffrieren und trocknen.

Standortansprüche und Pflege: Die Pflanzen benötigen vor allem gut durchlüftete, nicht allzu schwere, sandig-humose Lehmböden und ausreichende Bodenfeuchte. Kalkarme oder leicht saure Böden (pH-Wert 5–6) sind optimal, doch die Pflanzen gedeihen auch auf Böden mit pH-Werten über 7 noch problemlos. Der „Fuß" der Pflanzen sollte abgedeckt sein.

Bei vollsonnigem Standort können Erträge von 10–30 kg je Pflanze erzielt werden. Erträge zwischen 5,0 kg und 14,0 kg sind regelmäßig zu erwarten. Spätfrostgefährdete Lagen sind eher ungünstig, doch vertragen die Pflanzen bei völliger Winterruhe –30 bis –40 °C ohne Weiteres.

Aufgrund der Zweihäusigkeit der Pflanzen (es gibt auch Ausnahmen) sollte zur ausreichenden Bestäubung unbedingt eine männliche Pflanze (reicht für sechs bis acht weibliche Pflanzen) vorhanden sein. Auch männliche Pflanzen der echten Kiwi *(Actinidia deliciosa)* eignen sich als Befruchtungspartner. Wichtig ist eine ausreichende Bodenfeuchte im Sommer (man kann mit Mulchmaterialien den Boden gut feucht und gleichzeitig unkrautfrei halten), da die Früchte ansonsten klein bleiben.

Ausreichende Bodenfeuchte im Sommer für reichen Fruchtertrag

Schnitt: Mini-Kiwis lässt man in der Regel aus mehreren Trieben aus dem Boden als Spalier oder an einer Pergola hochranken. Da sie sehr stark wachsen (Jahrestriebe von 2 m und mehr), kann man die Triebe im

Actinidia arguta 'Ambrosia' Zweig mit länglich ovalen Früchten

Actinidia arguta 'Maki' Zweig mit schön rot ausgefärben Früchten

Actinidia arguta 'Weiki' Zweig mit ausgefärbten Früchten

Sommer etwas einkürzen. Bei der Ernte muss man die Früchte nicht einzeln pflücken, sondern kann den ganzen aus der Trugdolde entstandenen Fruchtstand abschneiden.

Am Ende des Winters (nicht zu spät! – etwa Ende Februar/Anfang März) sollte man auch das abgetragene vorjährige Holz entfernen (Auslichtungsschnitt). Schneidet man zu spät, so kommt es zu einem länger dauernden „Nachbluten" der Schnittstellen, da die Pflanzen während dieser Zeit bereits unter sehr hohem Saftdruck stehen. Alte, abgetragene und zu dicht oder ungünstig stehende Triebe werden entfernt. Die jungen Triebe werden etwa um ein Drittel eingekürzt, abgetragene Triebe auf 3–5 Augen zurückgeschnitten (sofern dies nicht schon bei der Ernte erfolgte), denn aus ihnen entwickelt sich im folgenden Jahr das neue Fruchtholz. Abgetragene Triebe sollten in etwa dreijährigem Rhythmus entfernt werden (Fruchtholzerneuerung).

Krankheiten und Schädlinge: Kaum bekannt, selten Schild- oder Blattläuse, Beschädigungen durch Katzen durch Kratzen an der Rinde (Drahtmanschette anbringen) sowie gelegentlich Spätfrostschäden wegen des zeitigen Austriebes.

Vermehrung und Anzucht: Kurz-Steckholz im Container, Ablegen, Grünstecklinge unter Folie.

Sorten und Auslesen: Die Art selbst ist seit 1874 in Kultur. Mitschurin führte erste Selektionen mit sibirischen Herkünften durch.

Ambrosia: (Züchter Häberli, CH): Die Früchte sind flach-zylindrisch, 4–5 cm lang, Fruchtgewicht 10–14 g, hellgrün, süß-aromatisch mit leichter Säure; Reife ab Anfang Oktober, regelmäßiger guter Fruchtertrag.

Ambrosia Grande: Früchte bis 5 cm lang, Reife früher als Ambrosia.

Kiwino: (Sämling der Mini-Kiwi-Art *Actinidia arguta.* Zirka 1980 an der Eidgenössischen Forschungsanstalt Wädenswil [FAW] durch Obergärtner Max Steck ausgesät): Früchte regelmäßig hellgrün, flach-zylindrisch, 3–4 cm lang, Fruchtgewicht 10–18 g, regelmäßiger, reicher Fruchtertrag, süß-aromatischer Geschmack mit leichter Säure. War an der FAW Wädenswil die beste aller geprüften Sorten.

Maki: Synonyme: Red Beauty, Amdue (Züchter Häberli, CH): Hierbei handelt es sich um eine Kreuzung aus *Actinidia arguta x Actinidia chinensis.* Früchte länglich kugelig, 2–3 cm lang, Fruchtgewicht 6–8 g, grünlich braun bis schön rot ausgefärbte Früchte, reich fruchtend; Reife ab Anfang Oktober; wohlschmeckend.

Nostino: (Züchter Häberli, CH): Männliche Befruchtersorte, starkwüchsig!

Weiki: (Züchter TU München, Weihenstephan): Bedingt selbstfruchtbar, Früchte länglich kugelig, 2,5–3,0 cm lang, Fruchtgewicht 6–10 g, grün mit braun-rötlichem Anflug, sehr reich tragend, Reifezeit Anfang Oktober; sehr guter Geschmack, süß-aromatisch.

Kokuwa: Japanische Honigbeere: Sorte aus Japan mit honigartigem Geschmack (deswegen die Bezeichnung „Honigbeere"). Früchte länglich kugelig, 2,2–2,8 cm, Fruchtgewicht 8–10 g, mattgrün mit rötlichem Anflug, reich fruchtend, Reife ab Mitte Oktober; sehr wohlschmeckend.

Issai: Ist eine weitere aus Japan stammende Sorte, die selbstfruchtbar (!) ist. Früchte grün mit feinen weißen Punkten, glattschalig, ungleich in der Größe, gedruckt kugelig, insgesamt aber klein, 1,7–2,5 cm, Fruchtgewicht 3,0–4,5 g, mäßig aromatisch, bei Vollreife sehr süß bzw. sehr reich an Vitamin C; Ertrag mittelmäßig, Fruchtreife Anfang Oktober.

Kens Red: Minikiwi mit mittelgroßen Früchten mit purpurroter Schale und rotem Fruchtfleisch (Neuseeländische Züchtung).

Geneva Verte: kugelige bis länglich kugelige Frucht, gegen den Kelch hin verjüngt, hellgrün mit etwas rötlich brauner Deckfarbe, Fruchtgewicht 4–6 g, süß-aromatisch mit merklich säuerlicher Haut, sehr guter Ertrag.

Kiwai Rouge: länglich kugelig, rostbraun-rot, Fruchtgewicht 4–5 g, mäßig aromatisch, saure Haut. Fleisch, rötlich und weißlich, mäßige Qualität, Fruchtertrag mittelhoch.

Polygama: Frucht grün-hellgrün, teils mit rötlich brauner Deckfarbe, flachkugelig, etwas ungleich in Größe, Fruchtgewicht 5–9 g, süß-aromatisch mit leicht säuerlicher Haut, etwas ungleich in der Reife, guter Ertrag.

Actinidia arguta 'Kokuwa' Zweig mit ausgefärbten Früchten

Actinidia arguta 'Issai' Zweig mit kleinen, grünen Früchten

Actinidia arguta 'Prag' Zweig mit ausgefärbten Früchten

Gelegentlich werden noch weitere Sorten angeboten:

Clamony: Starkwüchsig, traubenartige Fruchtanordnung, Früchte graugrün, rundlich, herzförmig zugespitzt, Fruchtfleisch süß und aromatisch. Fruchtreife Mitte bis Ende September.

Jumbo Verde: Früchte länglich-zylindrisch, bis 5 cm, hellgrün, saftig und süß-säuerlich (sehr ähnlich Ambrosia).

Die Selektionen von Mitschurin aus sibirischen Herkünften, ***Posnja*** (Spät reifende Aktinidie), ***Rannjaja*** (Früh reifende Aktinidie) und ***Uroshainaja*** (Fruchtbare Aktinidie) sowie die *Actinidia-kolomikta*-Sorten ***Klara Zetkin*** und ***Ananasnaja*** (Mitschurins Ananas-Aktinidie), sind nicht im Handel erhältlich.

Auch gibt es verschiedene Auslesen im Versuchsanbau in Kananda und in den USA, darüber hinaus sind noch zwei weitere Arten, nämlich *Aktinidia kolomikta* und *Actinidia melanandra*, zu nennen.

An der HBLVA für Gartenbau in Wien, Schönbrunn, sind noch einige weitere Selektionen von *Actinidia arguta* aus der Versuchsanstalt *Pruhonice* (Prag) sowie Kreuzungen von 'Issai' und 'Jumbo Verde' in Kultur.

Das Spaltkölbchen (Schisandra chinesis) ist eine Kletterplanze, die unbedingt ein Rankgerüst benötigt und aufgebunden werden sollte

Chinesisches Spaltkölbchen

Schisandra chinensis (*Schisandraceae*, Spaltkölbchengewächse)

Weitere Namen: Vitalbeere, Chinesischer Name: Wu-Wei-Zi, Kraut der 5 Geschmäcker

Pflanzenmerkmale und Verbreitung: Das Spaltkölbchen stammt aus Korea, Japan und dem Amurgebiet bis Nordchina. Das bis zu 10–15 m hoch wachsende, linkswindende Klettergehölz ist sommergrün, hat etwas kantige Triebe und 5–10 cm lange, gezähnte, eiförmige bis elliptische, kurz zugespitzte Blätter. Diese sind oberseits dunkelgrün, unterseits heller und weisen eine gelbe Herbstfärbung auf. Rinde und Blätter duften beim Zerreiben aromatisch.

Die etwa 1,5 cm breiten, duftenden, aber relativ unscheinbaren gelblich weißen bis blassrosa Blüten sitzen zu mehreren an 2–3 cm langen Stielen an Kurztrieben vorjähriger Langtriebe. Sie blühen von Mai bis Juni und sind überwiegend zweihäusig. Es treten jedoch auch Pflanzen mit zwittrigen Blüten auf.

Blätter und Fruchtstand des Spaltkölbchens (Schisandra chinensis)

Eignung: Das Spaltkölbchen lässt sich gut als Kletterpflanze für Pergolen und an Wandspalieren verwenden. Der Fruchtschmuck und die gelbe Herbstfärbung sind zierende Aspekte.

Frucht: Die ährenartigen Fruchtstände (Sammelfrucht) bestehen aus bis zu 20 Einzelfrüchten, den scharlachroten Beeren, und sind einer kleinen zylinderförmigen Weintraube ähnlich. Sie reifen bereits ab August, werden im September geerntet, können aber relativ lange an der Pflanze verbleiben.

Im Fruchtfleisch sind Aminosäuren, Mineralstoffe, Zucker, Vitamin C und etwas Vitamin E enthalten. An organischen Säuren sind Zitronensäure (11 %) sowie Apfelsäure (7–8 %) zu nennen, auch Pektin und Gerbstoffe sind enthalten. Die fettreichen Samen enthalten neben ätherischem Öl (2 %) den Wirkstoff Schisandrin. Der Fruchtertrag kann zwischen 0,2 und 2,5 kg pro Pflanze betragen.

Verwertung: Die Früchte haben einen sehr eigenartigen Geschmack, der sich mit keiner anderen Frucht vergleichen lässt und für Mitteleuropäer gewöhnungsbedürftig ist. Sie sind scharf, säuerlich sowie aromatisch und eignen sich zur Herstellung von Marmeladen, alkoholfreien Erfrischungsgetränken, Sirup und Likör. Zur Saftbereitung benötigt man gerebelte Beeren. Dazu können diese kurz vor der Vollreife geerntet und zur Nachreife aufgelegt werden. Getrocknete Früchte dienen auch zur Herstellung von Tees.

In Korea wird diese Frucht bereits seit Jahrhunderten in der Volksheilkunde genutzt und seit etwa 1860 gärtnerisch kultiviert. Aufgrund der kräftigen Wirkung wird das Spaltkölbchen in seiner Heimat auch heute noch für pharmazeutische Zwecke genutzt. Man bereitet daraus Sirup, Marmelade, Kompott, Tinkturen, Tee und Dragees. Der Wirkstoff Schisandrin ist darüber hinaus auch in Blättern und Wurzeln enthalten.

Standortansprüche und Pflege: Das Spaltkölbchen stellt keine besonderen Ansprüche. Es bevorzugt halbschattige bis sonnige Lagen sowie frische, durchlässige und nährstoffreiche, schwach saure Böden. Wächst auch noch gut auf leichten, schwach humosen Sandböden und meidet Staunässe. Sehr frosthart, jedoch spätfrostempfindlich. Duldet keine lang anhaltende Trockenheit.

Krankheiten und Schädlinge: Keine Informationen darüber.

Vermehrung und Anzucht: Durch Abtrennung der Wurzelausläufer; auch eine Vermehrung durch Aussaat ist gut möglich. Bei Herbstaussaat wird eine Keimrate von etwa 70 % erreicht.

Sorten und Auslesen:
Vitalbeere: Ist selbstfruchtend und braucht keine zweite Pflanze zur Befruchtung. Im ersten Jahr der Pflanzung kann es vorkommen, dass sich nur weibliche oder nur männliche Blüten bilden. Aber bereits im zweiten Standjahr fruchten die meisten Vitalbeeren.

Weitere Sorten sind nicht bekannt. Man sollte aber jeweils mehrere Exemplare auspflanzen, weil Zweihäusigkeit auftreten kann.

Dreiblatt-Zitrone (Poncirus trifoliata)

Sonstige Pflanzen mit essbaren Früchten

Abgesehen vom Pawpaw, der sich als Obstart im Versuchsstadium befindet, handelt es sich hier ausschließlich um Ziergehölze. Allerdings werden die Früchte dieser Gehölzarten in ihren Heimatländern ebenfalls genutzt, indem man sie entweder roh verzehrt oder als Obst im weitesten Sinne verwertet. Für den Mitteleuropäer sind die Früchte dieser Gehölzarten mit Sicherheit gewöhnungsbedürftig.

Der Blauschotenstrauch erhielt seinen Namen von den intensiv blau gefärbten Früchten

Blauschotenstrauch

Decaisnea fargesii (*Lardizabalaceae*, Fingerfruchtgewächse)

Stammt aus derselben Familie wie die Akebie, ist allerdings ein anfangs straff-aufrechter, im Alter 3–5 m hoher und 2–4 m breiter Strauch, der in den Bergwäldern Westchinas beheimatet ist. Die dicken, wenig verzweigten Triebe tragen 50–80 cm große gefiederte Blätter mit 13–25 Fiederblättchen.

Ihre Blüten erscheinen im Juni, und es handelt sich dabei um unscheinbare, grünlich gelbe Glöckchenblüten in hängenden Trauben. Die etwa 10 cm langen, bohnenartigen, daumendicken Balgfrüchte sind im Spätsommer auffallend kobaltblau gefärbt und weißlich bereift. Sie besitzen ein gallertartiges Fruchtfleisch. Die Früchte werden in der Heimat von der Bevölkerung roh gegessen, ob sie dem Geschmack der Europäer entsprechen, ist allerdings etwas fraglich. Der Blauschotenstrauch ist aber ein interessantes, dekoratives Gehölz für geschützte, sonnige, warme Lagen, das geringe Bodenansprüche stellt, allerdings etwas spätfrostgefährdet ist.

Die Früchte der auch bei uns in wintermilden Klimagebieten winterharten Dreiblatt-Zitrone (Poncirus trifoliata) enthalten eine große Anzahl von Samen

Dreiblatt-Zitrone

Poncirus trifoliata (*Rutaceae,* Rautengewächse)
Weiterer Name: Bitterorange

Die Heimat dieser winterharten Zitrone ist der Himalaja und China. Es ist ein dichtbuschiger, 2–4 m hoher Strauch mit auffallend dicken dunkelgrünen Trieben und langen grünen Dornen. Die dreizähligen Blättchen sind verkehrt-eiförmig und kaum 3–6 cm lang. Vor dem Laubaustrieb im Mai erscheinen die 3–5 cm großen, weißen, schalenförmigen Blüten mit ihren goldgelben Staubblättern. Sie duften fein nach Orangen. Bis zum Herbst entwickeln sich 4–5 cm große, gelbe, sehr zartfilzig behaarte rundliche Zitronen. Die angenehm duftenden Früchte enthalten zahlreiche Samen und ein stark säuerliches Fruchtfleisch mit etwas bitterem Beigeschmack.

Die Dreiblatt-Zitrone benötigt einen geschützten Standort (ist bis etwa −15 °C ausreichend winterhart) sowie mäßig feuchten bis mäßig trockenen, gut durchlässigen Boden. Die Pflanzen werden in wärmeren Regionen bzw. in südlichen Ländern als undurchdringliche Heckenpflanze verwendet. Aus den Früchten wird teilweise Marmelade hergestellt, oder sie finden als Küchengewürz Verwendung. Zu Dekorationszwecken verwendete Früchte verbreiten wochenlang einen angenehmen bergamottartigen Geruch.

Vermehrung der Wildobstarten und der seltenen Obstarten

Generative Vermehrung
Vegetative Vermehrung
Veredelungsarten

Die Vermehrung der Wildobstarten kann entweder geschlechtlich (generativ) durch Samen oder ungeschlechtlich (vegetativ) durch die Bewurzelung von Pflanzenteilen erfolgen.

Generative Vermehrung

Die generative Vermehrung ist die Vermehrung durch Samen. Bei dieser Methode können die Eigenschaften der Nachkommen (Samlinge) von jenen der Mutterpflanzen mitunter betrachtlich abweichen (z. B. Apfel- oder Birnensorten und Sorten der übrigen Obstarten). Bei anderen dagegen, insbesondere bei Wildgehölzen, sind die Unterschiede gegenüber den Mutterpflanzen oft nur geringfügig (z. B. Kornelkirschen, Berberitzen, Mispeln, Schlehdorn und Sorbus-Arten) – sie können ohne Weiteres durch Samen vermehrt werden.

Bei der Samenvermehrung muss man allerdings einige Punkte beachten: Oft sind im Fruchtfleisch oder in der Samenschale keimhemmende Stoffe enthalten. Deshalb sollte man das Fruchtfleisch gleich nach der Ernte entfernen, indem man die Früchte mazeriert und die Samen

auswäscht. Bei Samen mit fleischigem Samenmantel sollte dieser entfernt werden. Um die keimhemmenden Stoffe, die sich auch im Samen selbst befinden können, abzubauen, bedient man sich der Stratifikation. Darunter versteht man das schichtweise Einlegen der gereinigten Samen in ein Gefäß (z. B. großer Blumentopf) mit Sand oder feuchtem Torf-Sand-Gemisch.

Zu beachten ist dabei, dass der Gefäßboden mit Abzuglöchern für das Wasser ausgestattet ist. Gegen Mäuse- und Vogelfraß sollten die Gefäße mit Schutzgittern versehen werden. So vorbereitet, stellt man sie in den Garten, wo sie der Winterkälte ausgesetzt sind.

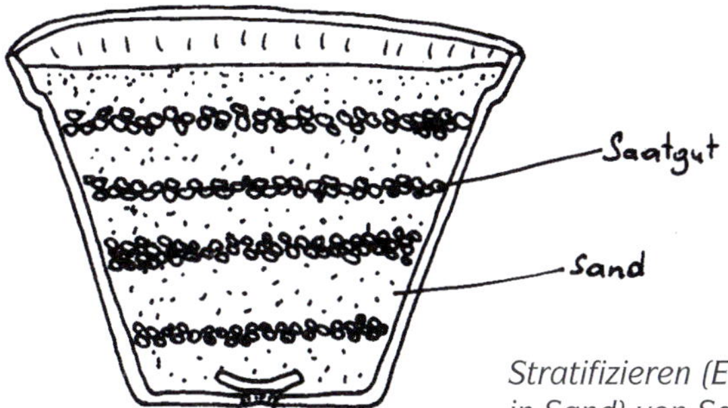

Stratifizieren (Einschichten in Sand) von Saatgut

Vegetative Vermehrung

Bei der vegetativen Vermehrung werden belaubte oder unbelaubte Pflanzenteile zur Bewurzelung gebracht (autovegetativ), oder zwei verschiedene Pflanzenteile werden miteinander zur Verwachsung gebracht (xenovegetativ, z. B. Veredelung). In beiden Fällen besitzen die neu erhaltenen Pflanzen genau die gleichen Eigenschaften wie die Ausgangspflanze, von der die Pflanzenteile entnommen wurden.

Wurzelausläufer

Die einfachste Methode, zu neuen Pflanzen zu kommen, besteht darin, dass man Wurzelausläufer von der Mutterpflanze abtrennt. Dies sind beblätterte und bewurzelte Sprosse, die man im Spatherbst oder Frühjahr, also während der Vegetationsruhe, mit einem Spaten absticht (z. B. Sanddorn, Himbeeren etc.). Man kann auch bei einigen anderen Sträuchern, die zwar keine Ausläufer treiben, deren junge Triebe sich aber teilweise bewurzeln (z. B. Haselstrauch), diese abtrennen und wie Ausläufer auspflanzen.

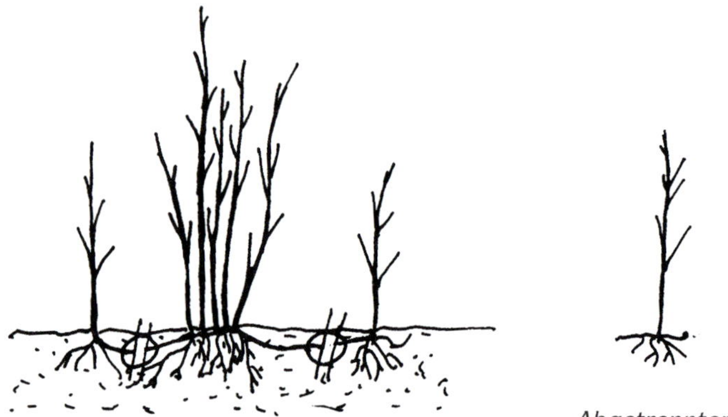

Ausläuferbildung bei Sträuchern — *Abgetrennter bewurzelter Ausläufer*

Absenker

Man kann von fast allen Gehölzarten so genannte „Absenker" zur Bewurzelung bringen. Zu diesem Zweck werden einjährige (oder zweijährige) Triebe im laublosen Zustand so in die Erde abgesenkt, dass die Triebspitzen aus dem Boden herausschauen. Um die Bewurzelung zu beschleunigen, kann man den Trieb in jenem Teil, der sich im Erdreich befindet, entweder mit Draht einschnüren oder die Rinde an dieser Stelle verletzen. Wenn die Triebspitze im Laufe der Vegetationsperiode weiterwächst, sollte man sie an einem Stab aufbinden. Bis zum Herbst ist der Absenker gut bewurzelt (bei manchen Gehölzen werden für eine ausrei-

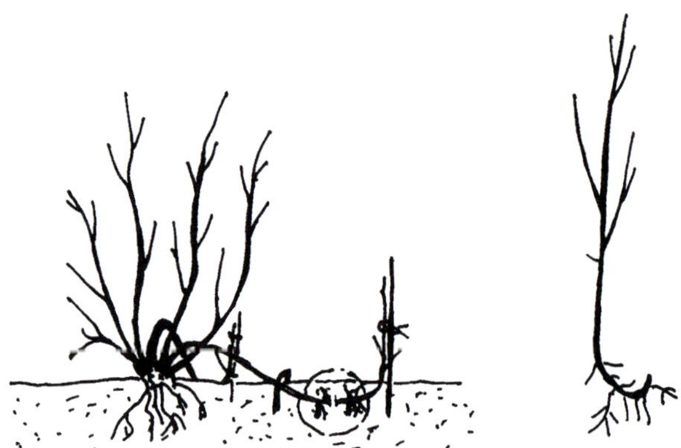

Vermehrung durch Absenker bei Sträuchern — *Abgetrennter bewurzelter Absenker*

chende Bewurzelung zwei Jahre benötigt) und kann dann abgetrennt und neu eingepflanzt werden.

Ableger

Der Ableger unterscheidet sich vom Absenker dadurch, dass die ebenfalls einjährigen Triebe ganz (mit der Triebspitze) in eine Rinne auf den Boden abgelegt werden. Gleichzeitig wird der Bereich über den abgelegten Trieben etwas angehäufelt. Aus den Knospen entwickeln sich nun neue Triebe, die sich an der Basis bewurzeln. Sie können ebenfalls im Herbst abgenommen werden und müssen, da sie noch relativ klein sind, verpflanzt werden. Man erhält auf diese Weise jedoch gleich mehrere Pflanzen aus einem abgelegten Trieb.

Vermehrung durch Ableger *Abgetrennter bewurzelter Ableger*

Ablegen in Wellenlinien

Diese Vermehrungsmethode wird bei Schlingpflanzen angewandt. Dazu werden junge Triebe wellenförmig in die Erde abgelegt, so dass jeweils ein Teilstück unter und über dem Boden zu liegen kommt. Der im Boden befindliche Teil bildet Wurzeln, aus den über dem Boden liegenden Knospen entwickeln sich hingegen neue Triebe. Jeweils ein Sprossstück mit Wurzel und einem Trieb wird nun abgetrennt und weiterkultiviert.

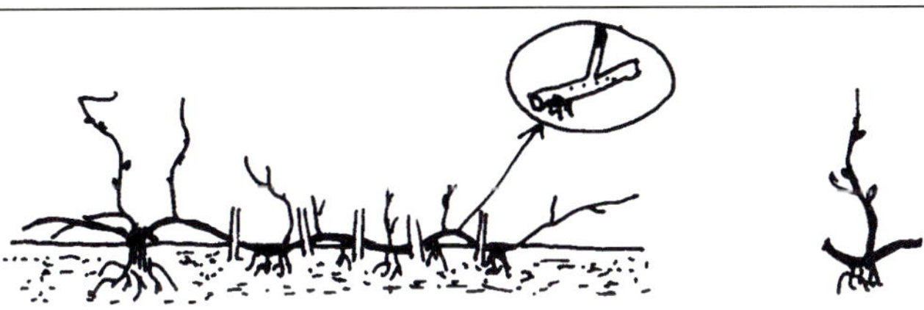

Wellenförmiges Ablegen bei Schlingpflanzen *Bewurzeltes Triebstück*

Sternförmiges Ablegen

Am Beispiel der Moosbeere oder Cranberry wird das sternförmige Ablegen erläutert. In diesem Fall liegen die Triebe dem Boden auf und bewurzeln sich an den Nodien ohne weiteres Zutun. Da sich aus jedem Nodium zusätzlich auch ein aufrechter Spross entwickelt, kann man diese bewurzelten, mit aufrechten Trieben versehenen Sprossstücke abtrennen und weiterkultivieren.

Triebe liegen am Boden auf und bewurzeln sich von selbst

Bewurzeltes Triebstück mit beblätterten aufrechten Trieben

Anhäufeln (Abriss-Vermehrung)

Für die Anhäufelmethode werden die (nicht zu alten) Mutterpflanzen im Frühjahr stark zurückgeschnitten. Der neue Austrieb (es bilden sich zahlreiche neue Triebe) muss nun sukzessive angehäufelt werden, bevor die basalen Teile der Triebe verholzen. Man verwendet dazu ein durchlässiges Substrat. Bis zum Herbst haben sich die neu gebildeten Triebe bewurzelt. Um die Triebe von der Mutterpflanze zu trennen, häufelt man diese ab und trennt die „Abrisse" knapp über dem Boden von der Mutterpflanze. Auf diese Weise werden in Baumschulen auch zahlreiche Obstunterlagen (Äpfel, Zwetschken etc.) in großen Stückzahlen gewonnen.

Anhäufelmethode (Abrißmethode)

Abgetrennter, bewurzelter Trieb

Vermehrung durch Steckholz

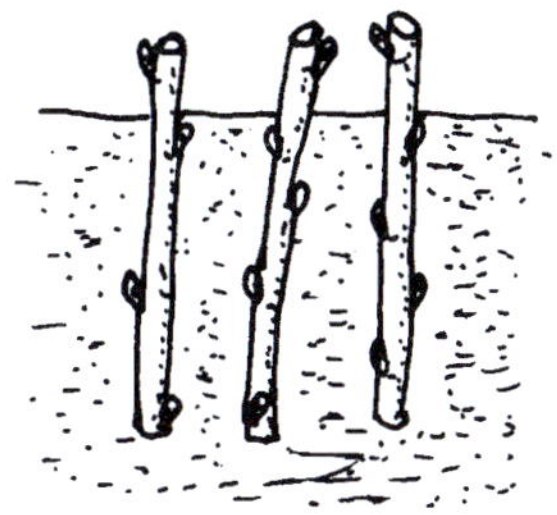

Steckholzvermehrung: Nur das obere Auge schaut aus dem Boden heraus

Zu diesem Zweck werden im Spätherbst oder Vorfrühling (bevor die Pflanzen in Saft gehen!) einjährige, verholzte Triebe entnommen und auf etwa 20–25 cm Länge bzw. mit etwa fünf Knospen (Augen) geschnitten. Diese müssen den Winter über gebündelt in feuchtem Sand aufbewahrt werden. Im Frühjahr, sobald der Boden offen ist, steckt man sie im Freiland so tief in durchlässigen Boden, dass nur mehr die oberste Knospe herausschaut. Bei zahlreichen Gehölzarten (z. B. Sanddorn, Holunder und Quitte) erhält man auf diese Weise bis zum Ende der Saison kräftige Jungpflanzen.

Grünstecklinge

Um Grünstecklinge zur Bewurzelung zu bringen, gehört schon viel Fingerspitzengefühl dazu. Man schneidet etwa ab Mai kurze, beblätterte, gut ausgereifte Triebe mit etwa 2–3 Blattpaaren und steckt diese in sandiges oder torfiges Substrat. Wichtig ist dabei, dass die Stecklinge nie austrocknen. Man kann die Gefäße (z. B. Töpfe, kleine Kistchen) zu diesem Zweck mit einer Plastikfolie überspannen. Wenn die Stecklinge bewurzelt sind (was einige Wochen dauern kann), sind sie umzutopfen und geschützt weiterzukultivieren.

Luftableger (Abmoosen)

Nicht nur von Gummibäumen kann man durch Abmoosen neue Pflanzen gewinnen, im Prinzip funktioniert dies auch bei Freilandgehölzen (z. B. Haselnusssträucher, Obstbäume, Sorbus-Arten). Zu diesem Zweck sucht man sich einen kräftigen, gut ausgereiften, einjährigen Trieb. Dann entfernt man knapp unterhalb jener Stelle, wo sich die neuen Wurzeln bilden sollen, die Rinde bis auf das Holz auf einer Länge von 2–3 cm. Dieser und der darüberliegende Bereich (10–15 cm) wird nun mit gut befeuchtetem Sphagnum (Torfmoos) umhüllt, darüber gibt man eine schwarze Plastikfolie und schließt diese oben und unten dicht mit einer Drahtmanschette ab (darf nie austrocknen!). Man kann über das Torfmoos auch zwei Tontopfhälften stülpen und darüber erst die Folie anbringen, dann hat man im Herbst nach dem Abtrennen des nun bewurzelten Triebstückes bereits eine fertige „Containerpflanze".

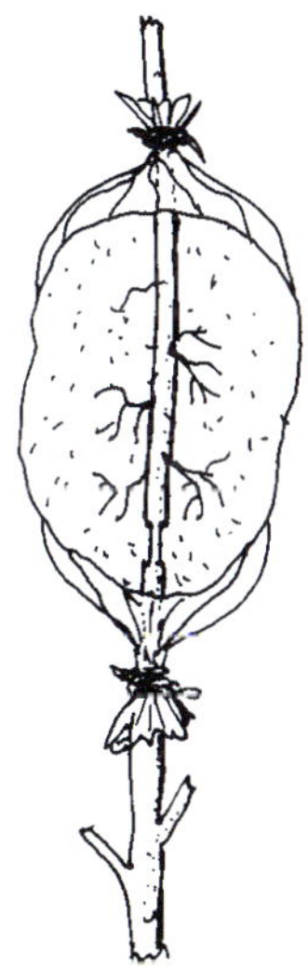

Luftableger (oder „Abmoosen"): oberhalb jenes Triebabschnittes, wo die Rinde entfernt wurde, entwickeln sich neue Wurzeln

Veredelungsarten

Bei der Veredelung benötigt man üblicherweise eine bewurzelte Unterlage und Reiser oder Edelaugen der zu vermehrenden Sorte. Man unterscheidet zwischen den **Reiserveredelungen** (z. B. Kopulation, Umveredeln), die in der Regel an unbelaubten Pflanzen durchgeführt werden, und den **Augenveredelungen** (Okulation), die im Sommer erfolgen.

Okulation

Die Okulation wird im Sommer durchgeführt, wobei die Okulation auf das ruhende Auge üblich ist. Die Unterlagen müssen für diesen Zweck bereits im Frühjahr gepflanzt werden. Im Sommer entnimmt man von der zu vermehrenden Sorte ein kleines Rindenstück mit einer Knospe, entfernt die Blätter und belässt einen etwa 1 cm langen Blattstiel. Dieses Rindenstück wird nun mittels T-Schnitt an der Unterlage eingesetzt und mit Bast oder Gummibändern verbunden. Der Austrieb erfolgt erst im folgenden Frühjahr (Schlafendes Auge!).

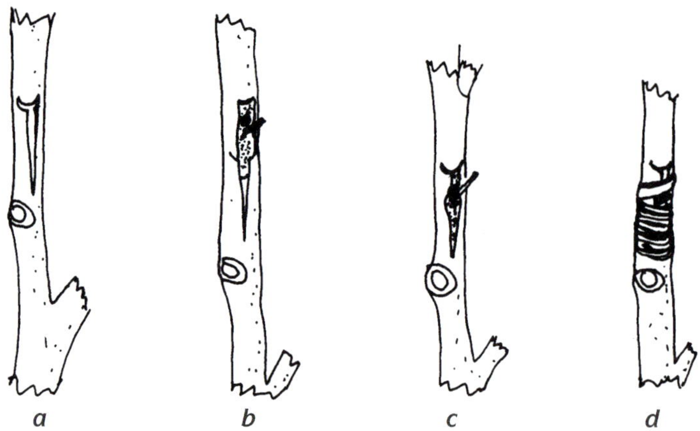

Okulation

a) T-Schnitt an der Unterlage

b) Einfügen des Rindenschiffchens mit einer Knospe (Edelauge) in den T-Schnitt der Unterlage

c) Fertig durchgeführte Okulation vor dem Verbinden

d) Okulation nach dem Verbinden – die Knospe des Edelreises muss freibleiben

Ablaktieren

Diese Methode wurde der Natur abgeschaut und stellt eigentlich eine Sonderform der Veredelung dar. Man hat zum Beispiel einen Baum mit interessanten Früchten, der nur durch Veredelung zu vermehren wäre. Es besteht aber keine Möglichkeit dazu. Man kann sich behelfen, indem man eine Unterlage knapp neben der zu vermehrenden Sorte pflanzt (oder eine in einem Container gezogene Pflanze dafür verwendet). Nun werden sowohl am Trieb der Edelsorte als auch am Trieb der „Unterlage“ auf gleicher Höhe die Innenseiten angeschnitten und eng miteinander verbunden.

Etwa im zweiten oder dritten Jahr trennt man den nun mit der Unterlage verwachsenen Trieb von der Mutterpflanze (Edelsorte), gleichzeitig entfernt man alle Triebe der Unterlage, die sich oberhalb der Verwachsungsstelle mit dem Trieb der Edelsorte befinden.

Rindenpfropfen

Sobald sich die Rinde im Frühjahr löst, kann man ein während der Winterruhe geschnittenes Edelreis mittels Kopulationsschnitt „hinter die Rinde“ pfropfen. Einfache und verlässliche Methode!

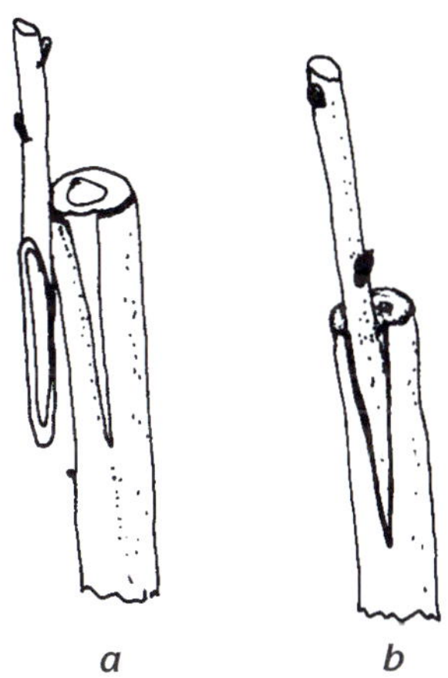

Pfropfen hinter der Rinde
a) Rindenschnitt an der Unterlage und Kopulationsschnitt am Edelreis
b) Fertige Veredelung vor dem Verbinden

Kopulation

Sind Unterlage und Edelreis gleich dick, wird an beiden der Kopulationsschnitt (schräger Schnitt) durchgeführt, die beiden Sprossteile miteinander verbunden und die Veredelungsstelle mit Baumwachs verschmiert. Zur besseren Verwachsung kann man an beiden Teilen noch zusätzlich einen Längsschnitt (Gegenzunge, lt. Skizze) anbringen.

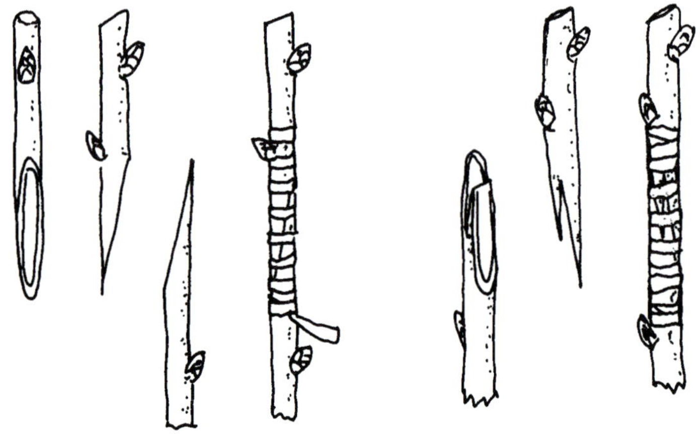

a b

Kopulation

a) Einfache Kopulation – Schnitt am Edelreis und Unterlage, fertige Veredelung

b) Kopulation mit Gegenzunge – Schnitt an Edelreis und Unterlage, fertige Veredelung

Geißfußpfropfen

Bei dünnen Reisern und dicken Unterlagen ausgeführt. Man bringt an der abgeschnittenen Unterlage einen keilförmigen Schnitt an, schneidet das Edelreis in der entsprechenden Form und schiebt dieses dann in den keilförmigen Schnitt an der Unterlage. Verbinden und verschmieren.

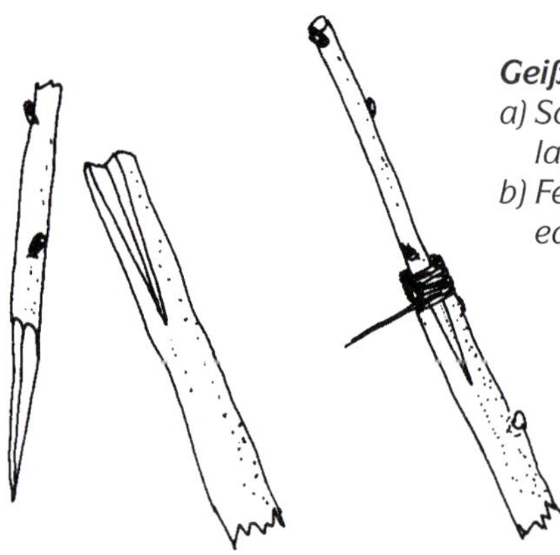

a b

Geißfußpfropfen

a) Schnitt an der Unterlage und am Edelreis

b) Fertig verbundene Veredelung (Geißfuß)

Spaltpfropfen

Sind die Edelreiser sehr dünn und ist eine Geißfußveredelung nicht möglich, dann kommt das Spaltpfropfen zur Anwendung. Die Unterlage wird gekappt und mit einem scharfen Schnitt gespalten. Die dünnen Reiser werden beiderseits mit einem Kopulationsschnitt versehen und am äußeren Rand der Unterlage so eingefügt, dass sich Kambium (Rinde) mit Kambium (Rinde) deckt. Verbinden und verschmieren.

Hollerröster/Hollerkoch (Rezept auf Seite 173)

Rezepte

Die im Folgenden angeführten Rezepte sind als kleine Anregung zur Verwertung der Wildobstarten gedacht. Ausführliche Rezepte und was man sonst noch alles aus den Wildobstarten herstellen kann, sind der reichlich vorhandenen Fachliteratur zu entnehmen.

Die Rezepte wurden unter anderem der Broschüre „Wildobst“, herausgegeben von der Bayrischen Lehranstalt für Weinbau und Gartenbau, sowie der Broschüre „Wildobst“ der Umweltberatung Österreichs entnommen.
*Die mit * gekennzeichneten Rezepte wurden aus dem Buch „Genussland Österreich“ übernommen.*
*Die mit ** gekennzeichneten Rezepte stammen von Gerlinde Halek.*
*Alle mit *** gekennzeichneten Rezepte wurden von Adele Rindler-Schantl kreiert und ausprobiert.*
*Die Quitten-Rezepte **** stammen aus dem Buch „Quitten“ von L. Rosenblatt & F. Christandl.*

Schwarze Apfelbeere

Apfelbeer-Kompott

1 kg Apfelbeeren
½ l Wasser
300 g Zucker

Das Wasser aufkochen, den Zucker darin auflösen und die gewaschenen Apfelbeeren zugeben. Nochmals auf 90 °C erhitzen und langsam abkühlen lassen (30–60 Minuten). Das fertige Kompott in vorgewärmte Gläser füllen und bei 85 °C etwa 20 Minuten pasteurisieren.

Apfelbeer-Likör

1/4 l Presssaft
3/4 l Weinbrand (38 Vol.-%)
200 g Zucker

Den Presssaft mit Hilfe einer Fruchtzentrifuge gewinnen und mit Weinbrand und Zucker mischen. Einen Tag stehen lassen, filtrieren, abfüllen und in den Flaschen etwa 6 Wochen reifen lassen.

Apfelbeer-Marmelade* * *

1 kg Apfelbeeren
500 g Gelierzucker 1:2
1 Zitrone

Die Apfelbeeren waschen und von den Stängeln lösen. Die Früchte mit 4 EL Wasser in einen Topf geben und langsam erhitzen, bis die Beeren platzen. Dabei öfter umrühren. Anschließend die Früchte passieren, damit die Kerne zurückbleiben. Das Fruchtmus mit Zitronensaft und Gelierzucker langsam aufkochen, 3 Minuten kochen lassen und in saubere Gläser füllen.

Als hervorragende geschmackliche Variante kann man dieselbe Marmelade aus 2/3 Apfelbeeren und 1/3 Äpfel machen.

Apfelbeer-Sirup* * *

3 kg Apfelbeeren
1 kg Zucker
1–2 Zitronen

Die Apfelbeeren waschen und von den Stängeln lösen. Die Beeren im Dampfentsafter entsaften. Den gewonnenen Saft mit Zucker und Zitronensaft langsam erhitzen, kurz aufkochen lassen und sofort in Flaschen abfüllen. Diese nach dem Füllen kurz hinlegen Vor Sonne geschützt lagern.

Als hervorragende geschmackliche Variante kann man den Sirup aus 2/3 Apfelbeeren und 1/3 Äpfel machen.

Apfelbeer-Gelee* * *

1 1/2 kg Apfelbeeren
500 g Gelierzucker
1 Zitrone
evtl. 1 Gewürznelke und 1/2 Zimtrinde

Die Apfelbeeren waschen, von den Stängeln lösen und im Dampfentsafter entsaften.

Den gewonnenen Saft mit Zitronensaft und Gelierzucker langsam erhitzen und 3 Minuten kochen lassen. Je nach Geschmack die Gewürze mitkochen. Dabei öfter umrühren. Sehr heiß in saubere Gläser füllen.

Als hervorragende geschmackliche Variante kann man das Gelee aus 2/3 Apfelbeeren und 1/3 Äpfel machen.

Apfelbeer-Produkte wie Gelee, Marmelade, Saft etc. selbst gemacht

Scheinquitte

Scheinquitten-Gelee

1 kg Scheinquitten

1 kg Zucker pro Liter Saft

Die Scheinquitten waschen und in Stücke schneiden. Diese in einen Kochtopf geben und mit Wasser auffüllen, bis die Fruchtstücke bedeckt sind. Kochen, bis die Früchte weich sind (etwa 10 Minuten), und über Nacht stehen lassen.

Am nächsten Tag die Masse, ohne zu rühren oder zu drücken (!), auf ein Gelee-Tuch gießen und den Saft durchlaufen lassen. Die gewonnene Saftmenge abmessen und pro Liter Saft 1 kg Zucker dazugeben. Anschließend wird das Ganze unter Rühren zu Gelee gekocht.

Kornelkirsche

Kornelkirsch-Marmelade mit Fruchtstückchen* * *

1 kg Kornelkirschen,
500 g Gelierzucker 1:2
½ Zitrone

Die Kornelkirschen waschen, entkernen und in kleine Stücke schneiden. Die Früchte in einen Topf geben, Gelierzucker und evtl. den Saft einer halben Zitrone dazugeben und gemeinsam langsam aufkochen. 3 Minuten kochen lassen, dabei öfter umrühren. Anschließend in saubere Gläser füllen.

Schmeckt angenehm säuerlich als Brotaufstrich und eignet sich hervorragend als Ersatz für Preiselbeer-Kompott zu Fleisch- und Wildgerichten.

Kornelkirsch-Marmelade* * *

1 kg Kornelkirschen
500 g Gelierzucker 1:2

Die Kornelkirschen waschen, entkernen, mit 3 EL Wasser in einen Topf geben und langsam erhitzen. Dabei öfter umrühren. Anschließend passieren. Man kann die Kornelkirschen evtl. ohne Entkernen erhitzen und anschließend passieren oder durch ein Sieb streichen.

Das Fruchtmus in einen Topf geben, den Gelierzucker dazugeben und unter Rühren langsam aufkochen, 3 Minuten kochen lassen. Dann in saubere Gläser füllen.

Kornelkirsch-Sirup* * *

3 kg Kornelkirschen
1 kg Zucker

Die Kornelkirschen im Dampfentsafter entsaften. Den gewonnenen Saft mit Zucker aufkochen und sofort in Flaschen abfüllen. Die Flaschen verschließen und einige Minuten hinlegen. Den Sirup vor Sonne geschützt lagern.

Kornelkirsch-Gelee* * *

1 kg Kornelkirschen
500 g Gelierzucker 1:2
½ Zitrone

Die Kornelkirschen waschen und entsaften. Den Saft mit Gelierzucker und Zitronensaft langsam aufkochen lassen, dabei öfter umrühren. 3 Minuten kochen lassen und dann in saubere Gläser füllen. Schmeckt sehr gut als Brotaufstrich, als Fruchtspiegel zu Desserts oder zum Füllen von Keksen, wie z. B. Linzer Augen.

Diverse Produkte der Kornelkirsche wie Saft, Marmelade, Likör, getrocknete Früchte etc.

Gedörrte Kornelkirschen * * *

Die Kornelkirschen waschen, entkernen und im Dörr-Apparat nach Anleitung des Geräteherstellers dörren.

Gedörrte Früchte schmecken gut im Müsli oder finden Verwendung in Fleisch- und Wildgerichten sowie in Desserts.

Zum Entkernen der Kornelkirschen eignet sich, unserer Erfahrung nach, sehr gut ein Oliven-Entkerner.

Kornelkirsch-Sauce * * *

½ kg Kornelkirschen
10 dag Zucker
15 Wacholderbeeren
3 Gewürznelken

Die Kornelkirschen mit Zucker und den Gewürzen ca. 8 Minuten kochen und dann 15 Minuten rasten lassen.

Das Fruchtmus durch ein Sieb streichen oder passieren. Nach Belieben mit 1 EL Stärke binden. Passt kalt sehr gut zu Fleisch- und Wildgerichten.

Kornelkirschen in Rotwein * *

1 kg Kornelkirschen
750 g Gelierzucker 1:3
¼ l Rotwein
Saft von 2 Orangen
2–4 cl Grand Marnier
½ Zimtrinde

Die Kornelkirschen einige Tage lagern – sie sollen schön reif und weich sein. Im Rotwein gar kochen und abseihen. Den aufgefangenen Rotwein mit Zucker, der Zimtrinde und dem Orangensaft dick einkochen und wieder über die Früchte gießen.

Grand Marnier zugeben und in Gläser abfüllen. Die Früchte müssen immer mit Flüssigkeit bedeckt sein, so halten sie einige Monate.

Kornelkirsch-Vanille-Gelee * *

½ l Kornelkirsch-Saft (aus ca. 1 kg Frucht)
¼ l naturtrüber Apfelsaft
750 g Gelierzucker 1:2
1 Vanilleschote

Die Kornelkirschen, mit wenig Wasser bedeckt, weich kochen. Den Saft durch ein Tuch oder ein ganz feines Sieb ablaufen lassen und einen halben Liter abmessen. Die Früchte nicht zu stark ausdrücken.

Den Saft zusammen mit Apfelsaft, Gelierzucker und der aufgeschnittenen Vanilleschote in einem Topf unter Rühren aufkochen lassen. Bei starker Hitze unter ständigem Rühren 4 Minuten sprudelnd kochen lassen. Die Vanilleschote entfernen, das Gelee heiß in Gläser füllen und sofort verschließen.

Kornelkirsch-Kuchen***

Butter, Zucker und Dotter schaumig rühren, Eiklar zu Schnee schlagen und mit den restlichen Zutaten vermengen. Die Teigmasse auf einem Blech mit Backpapier gleichmäßig verteilen und mit den Kornelkirschen belegen.

Den Kuchen bei 160 °C im Heißluftherd in ca. 35 Minuten goldbraun backen. Nach dem Auskühlen mit Staubzucker bestreut servieren.

250 g Butter
250 g Zucker
5 Eier
250 g Vollkornmehl (Dinkel oder Weizen)
1 Pck. Backpulver
1 Pck. Vanillezucker
1 Prise Salz
1 Prise Zimt
50 ml Rum
1 kg Kornelkirschen, entkernt

Fein schmeckt der Kornelkirsch-Kuchen

Kornelkirsch-Saft* * *

5 kg Kornelkirschen
600 g Zucker

Die Kornelkirschen waschen und zusammen mit Zucker im Dampfentsafter entsaften. Heiß in Flaschen füllen und mit Schraubverschlüssen oder Gummizapfen verschließen. Die Flaschen stehend, dunkel und kühl aufbewahren.

Kornelkirsch-Likör

7 kg reife Früchte
½ Zimtstange
2–3 Gewürznelken
1 ¼ kg Zucker
4 l Schnaps (60 % Tresterschnaps) oder Ansatzkorn

Die Früchte mit Schnaps, Gewürznelken und Zimtstange ansetzen. Diesen Ansatz 2–3 Monate kühl und dunkel aufbewahren. Anschließend abseihen und gesponnenen Zucker kalt (!) hinzufügen.

Falsche Oliven

500 g Kornelkirschen
2 Lorbeerblätter
3 dl Weißweinessig
1 EL Senfsamen
2 dl Wasser
1 TL Salz
3 Nelken
5 Pfefferkörner
2–3 Knoblauchzehen, halbiert

Die Kornelkirschen (unreife, grünrote Früchte!) waschen und in ein Tongefäß füllen und den Weinessig hinzufügen.

Die restlichen Zutaten gemeinsam aufkochen und handwarm über die Kornelkirschen gießen. Kühl aufbewahren und innerhalb von maximal 3 Wochen verbrauchen.

Kaltschale mit Kornelkirschen

500 g Kornelkirschen
2–3 EL Honig
2 dl Joghurt, natur
2 EL Haferflocken, klein
2 dl Sauermilch
2 EL Haselnüsse, gehackt
½ TL Vanille
2 EL Honig

Die Kornelkirschen waschen und in 4 Coupe-Gläser verteilen. Das Joghurt mit Sauerrahm, Vanille und Honig glatt rühren und über die Kornelkirschen gießen.

Die Haferflocken und die Haselnüsse rösten und in eine Schüssel geben. Dieses warme Flocken-Nuss-Gemisch mit 2 EL Honig vermischen, auskühlen lassen und über die Kaltschalen verteilen.

Kandierte Kornelkirschen

500 g Kornelkirschen
1/4 l Wasser
650 g Zucker
Puderzucker

Die Kornelkirschen waschen, 300 g Zucker in Wasser lösen und die Früchte darin kurz aufkochen (Früchte sollen nicht aufplatzen). Abgekühlte Lösung 1 Tag stehen lassen.

Nach dem Abtropfen die Flüssigkeit wieder aufkochen, weitere 100 g Zucker zusetzen und heiß über die Früchte gießen. Dies täglich wiederholen, bis die restlichen 250 g Zucker verbraucht sind und die Lösung dick bleibt.

In der letzten Zuckerlösung die Früchte einige Tage liegen lassen. Anschließend das Ganze erwärmen, die Zuckerlösung abtropfen und die Früchte gut trocknen lassen – am besten auf dem Kachelofen (falls vorhanden) oder im Backrohr bei max. 45 °C. Die getrockneten Früchte in Puderzucker wälzen und in Schraubgläsern aufbewahren.

Sanddorn

Sanddorn-Kaltschale*

200 g Früchte
200 g brauner Zucker
150 ml Orangensaft
50 ml Weißwein
1–2 TL Stärke
Zitrone

Zunächst 200 g Früchte mit 200 g braunem Zucker und etwas Wasser aufkochen. Dann das Mus passieren, damit die Kerne zurückbleiben. Danach die Fruchtmasse noch mal 5 Minuten kochen und sehr heiß in Gläser füllen.

Für die Kaltschale werden 150 ml Orangensaft mit 50 ml fruchtigen Weißwein und 100 ml Wasser aufgekocht. Dann rührt man 1–2 EL Stärke mit etwa Wasser an und rührt sie in die heiße Flüssigkeit. 125 g von der Sanddorn-Paste dazugeben und alles 3 Minuten köcheln lassen.

Nach dem Erkalten wird die Masse noch mit Zitronensaft abgeschmeckt. Die Kaltschale mit Zitronen- oder Orangeneis servieren und mit Minze garnieren.

Sanddorn-Sirup

1 kg Sanddornbeeren, vollreif
1,5 kg Zucker
3/4 l Wasser
3 TL Zitronensaft

Die Sanddornbeeren waschen und zerdrücken. Wasser aufkochen und über die Beeren gießen. Den Topf mit einer doppelten Lage Folie fest zubinden und 24 Stunden stehen lassen.

Danach abseihen und den Zucker samt Zitronensaft einrühren. In kleine Flaschen abfüllen (bis 0,5 l) und 20 Minuten bei 70 °C pasteurisieren. Anschließend die Flaschen mit Korken oder Gummikappen verschließen. Vor dem Genuss mit Wasser oder Tee verdünnen.

Sanddorn-Quitten-Konfekt

200 g Sanddornsaft
400 g Quitten
400 g Zucker oder Honig

Die Quitten in Wasser weich kochen, abseihen, passieren und mit Sanddornsaft und Zucker oder Honig unter Rühren aufkochen. Kochen lassen, bis die Masse steif ist.

Anschließend ca. 1 cm dick auf Pergament streichen, an einem warmen Ort langsam trocknen lassen und in kleine Stücke schneiden. Diese eventuell in Staubzucker wälzen.

Quitten

Quitten-Likör* * * *

1 kg Quitten
300 g Zucker
400 ml Kirschwasser
1 Sternanis
2 Bio-Zitronen, abgeriebene Schale
2 EL Ingwerwurzel, fein gerieben

Die Quitten mit einem trockenen Küchentuch abreiben und waschen. Die Früchte mit der Reibe grob reiben und mit dem Zucker vermengen. Anschließend 24 Stunden stehen lassen.

Die geriebenen Quitten durch ein Sieb drücken und den Saft auffangen. Den Quittensaft mit den übrigen Zutaten in eine verschließbare Flasche füllen und die Flasche 14 Tage an einem hellen Ort stehen lassen. Einmal tgl. kräftig schütteln.

Den Flascheninhalt filtrieren, d. h., durch ein feines Tuch oder einen Kaffeefilter aus Papier laufen lassen. Zuletzt in Flaschen abfüllen.

Quitten-Kürbis-Chutney* * * *

500 g Quitten
500 g fruchtiger Kürbis, z. B. Muscade de Provence
2 Chilischoten, getrocknet
4 EL Apfelessig
5 Fenchelsamen
10 Korianderkörner
1 TL Ingwer, gerieben
1 MS Kreuzkümmel
1 Bio-Zitrone, davon Zesten
2 Gewürznelken
200 g Zucker
400 ml Quittenfond von Schalen und Kerngehäuse
80 g Birnendicksaft

Die Quitten mit einem trockenen Küchentuch abreiben, waschen und in kleine Würfel schneiden.

Aus 1 kg Quittenschalen und -gehäuse einen Quittenfond bereiten, der in 1 l Wasser 1–2 Stunden köcheln muss. Anschließend abseihen und den Fond beiseite stellen.

Den Kürbis schälen, entkernen und in kleine Würfel schneiden. Die Quitten mit den übrigen Zutaten, ohne den Kürbis, aufkochen und bei kleiner Hitze 10 Minuten köcheln lassen. Nun die Kürbiswürfel zugeben und so lange köcheln lassen, dass die Früchte noch Biss haben. Das Quitten-Kürbis-Chutney in Vorratsgläser füllen und sofort verschließen.

Schlehdorn

Schlehen-Likör*

125 g Schlehdornfrüchte werden samt Kernen im Mörser zerstoßen. Die Kerne verleihen dem Likör ein feines Aroma nach Bittermandeln. Die restlichen Früchte werden so zerdrückt, dass die Kerne im Ganzen bleiben. Die Schlehen in 500 ml Wasser einige Minuten aufkochen lassen, dann zum Abkühlen beiseite stellen. Anschließend mit 1 l Rotwein übergießen. Diesen Ansatz lässt man 5–6 Tage im Kühlschrank ziehen, dann wird er abgeseiht.

Die gefilterte Flüssigkeit mit Nelken, Zimt und dem braunen Zucker aufkochen und 1–2 Minuten köcheln lassen. Dann die Gewürze mit einer Schaumkelle herausheben und den Ansatz weiter 5 Minuten einkochen. Zuletzt den Vanillezucker hinzufügen. Den Ansatz abkühlen lassen, dann mit 1 l Hausschnaps und 75 ml Rum vermischen.

Der fertige Likör wird in Flaschen abgefüllt und kühl gelagert.

500 g Schlehdornfrüchte
1 l guter Rotwein
3–4 Gewürznelken
1 Stange Zimt
300 g brauner Zucker
1 Pck. Vanillezucker
1 l Hausschnaps
75 ml Rum

Mispel

Joghurt-Eis mit Mispeln

Die Mispeln häuten, halbieren und entkernen. Die Hälften mit Zucker und Joghurt pürieren. Zitronensaft und zwei Drittel der Nüsse einheben. Die Masse in Förmchen füllen und 5 Stunden tiefkühlen. Mit den restlichen Nüssen und Mispeln garnieren.

8 reife Mispeln
2 EL Zitronensaft
80 g Zucker oder Honig
50 g Nüsse, fein gehackt
1/2 l Joghurt

Mispel-Topfen-Soufflé

Die Mispeln enthäuten, entkernen und grob zerkleinern. Die Eidotter mit Zucker cremig schlagen. Topfen und Obers einrühren. Mispeln, Likör und die Hälfte der Mandeln untermischen.

Die Eiklar mit einer Prise Salz steif schlagen, unter die Masse heben und in eine gefettete Auflaufform füllen. Mit den restlichen Mandelblättchen bestreuen. Bei 180 °C 25–30 Minuten goldbraun backen.

3/4 kg Mispeln
1/8 l Obers
3 Eier
4 EL Orangenlikör
80 g Zucker oder Honig
100 g Mandelblättchen
3/4 kg Magertopfen
Salz
Fett für die Form

Asperl-Mus*

500 g Mispeln (Asperln)
250 g brauner Zucker
Zimt

500 g Asperln mit 250 g braunem Zucker und etwas Wasser weich kochen, dann passieren und das Fruchtmus noch mal aufkochen.

Mit Zimt abschmecken und heiß in Gläser füllen.

Kriecherl

Kriecherl in Essig *

Halbreife Kriecherl in saubere Gläser füllen, mit Mostessig übergießen und gut verschlossen 4–6 Wochen ziehen lassen. Passen gut zu Käse, kalten Fleischgerichten und belegten Broten.

Fruchtrosen

Hagebutten-Marmelade

500 g Hagebutten
½ Zimtstange
2 Tassen Wasser
Samen aus 6 Kardamom-Kapseln
Saft einer Zitrone
150 g Honig

Die Hagebutten putzen und, mit 1 Tasse Wasser bedeckt, über Nacht stehen lassen. Am nächsten Tag das Wasser abgießen, die Hagebutten mit 1 Tasse Wasser, Zitronensaft und Zimt weich kochen und durch ein Sieb passieren.

Die Kardamom-Samen zerstoßen und mit Honig zum Hagebuttenmark geben. 10 Minuten schwach kochen lassen. Sofort in Gläser füllen und gut verschließen.

Hagebutten-Sauce (für Wildgerichte)

100 g frische Hagebutten, entkernt
1 TL Zucker oder Honig
⅛ l Rotwein
Zitronenschale
1–2 EL Wasser

Die Hagebutten in Wasser, Wein, Zucker und Zitronenschale weich kochen, passieren und dann dick einkochen.

Warm oder kalt zu Wild reichen. Die kalte Sauce kann mit geschlagenem Obers verfeinert werden.

Hagebuttenlikör

1 kg Hagebutten
½ Zimtstange
300 g brauner Kandiszucker, zerstoßen
Zitronenschale
4 Gewürznelken
1,5 l Weinbrand

Von den Hagebutten die Blüten und die Stängelansätze abschneiden. Die Früchte waschen und abtropfen lassen, halbieren und die Kerne herausschaben. Das Fruchtfleisch mit dem Kandiszucker mischen und zugedeckt über Nacht ziehen lassen.

Die Mischung in eine bauchige Flasche füllen. Die Nelken, die Zimtstange und die Zitronenschalen zugeben. Die Flasche an einem hellen, sonnigen Patz 2 Monate ziehen lassen, abseihen und abfüllen.

Schwarzer Holunder

Holunderblüten-Sirup

10 Holunderblüten
2 kg Zucker oder Honig
1 l Wasser, abgekocht
2 Zitronen, ungespritzt
50 g Zitronensäure

Die Holunderblüten waschen und in ein hohes (Gurken-)Glas geben. Wasser, Zucker und Zitronensäure rühren, bis der Zucker gelöst ist, und über die Blüten gießen. Die in Scheiben geschnittenen Zitronen dazugeben, gut umrühren und zugedeckt ca. 10 Tage stehen lassen.

Täglich umrühren. In Flaschen abfüllen und diese gut verschließen. Vor Gebrauch stark verdünnen.

Hollerröster/Hollerkoch

600 g Holunderbeeren
150 g Zucker oder Honig
150 g Zwetschken oder Äpfel
Nelken
Zimt
$\frac{1}{8}$ l Wasser
Mehl und Milch zum Binden

Das Wasser mit den Gewürzen aufkochen, das Obst zugeben und kochen, bis der Holler fast weich ist.

Mit einem „G'machtl" (= Milch + Mehl oder Obers + Mehl) eindicken. Mit Zucker und evtl. Rum abschmecken. Dazu passen gut Buchteln, Topfenknödel, Grießschmarren oder andere warme Mehlspeisen.

(siehe Abbildung Seite 160)

Holunder-Punsch (besonders für Kinder geeignet)

Saft und Schale von 1 Orange, ungespritzt
$\frac{1}{2}$ l schwarzer Tee
1 Zitrone, ungespritzt
1 Stange Zimt
1 l Holundersaft
2 Nelken
Zucker

Orange, Zitrone, Holundersaft und Tee mischen, Zimt und Nelken zugeben.

Anschließend erhitzen, mit Zucker nach Geschmack abschmecken und in Punschgläser füllen.

Speierling

Speierling-Schmarren*

220 g vollreife Speierlinge
300 ml Milch
5 Eier
100 g Zucker
150 g glattes Vollkornmehl
Vanillezucker

Die Milch, die Eidotter und das Vollkornmehl verrühren, dann die Eiklar mit Zucker steif schlagen und unter die Masse heben. Den Teig in einer größeren, gut gebutterten Pfanne anbacken lassen, dann die halbierten Speierlinge daraufstreuen und das Ganze wenden.

Im vorgeheizten Backrohr bei 200 °C fertig backen, mit zwei Gabeln zerreißen und, mit Vanillezucker bestreut, servieren.

Edel-Eberesche

Ebereschen-Sirup*

300 g Ebereschenfrüchte
200 g Zucker

Die Früchte werden ca. 1 Stunde in Zuckerwasser (200 g Zucker und 300 ml Wasser) gekocht, dann lässt man den Ansatz noch eine Stunde stehen.

Anschließend wird der Ansatz abgeseiht, die Früchte ausgepresst und der Sirup nochmals aufgekocht, bevor er heiß in Gläser abgefüllt wird. Man verwendet ihn als Gewürz für Suppen, Saucen und Cocktails.

Vogelbeer-Mus

½ kg Äpfel
½ kg Zucker oder Honig
½ kg Vogelbeeren
Nelken- und Zimtpulver
⅓ l Wasser

Äpfel und Beeren im Wasser 30 Minuten dünsten und pürieren. Mit dem Zucker oder Honig vermischen, würzen und nochmals kurz aufkochen lassen. Heiß in saubere Gläser füllen, sofort verschließen.

Vogelbeer-Schnaps

½ kg Vogelbeeren
½ l Zwetschkenschnaps
1 Vanilleschote
2–3 EL Honig
3 Pimentkörner

Die Vogelbeeren waschen und mit den Gewürzen im Schnaps 6–8 Wochen an der Sonne ziehen lassen. Dann abseihen, mit Honig süßen und in Flaschen abfüllen.

Ebereschen-Marmelade***

1 kg Ebereschen (Süße mährische Eberesche oder gewöhnliche Eberesche)
½ kg Äpfel
750 g Gelierzucker 2:1

Die Ebereschen waschen und von den Stängeln lösen. Die Äpfel entkernen und in Stücke schneiden. Alle Früchte in einen Topf geben und langsam erhitzen, bis die Beeren platzen. Dabei öfter umrühren.

Anschließend die Früchte passieren, damit die Kerne der Eberesche zurückbleiben. Das Fruchtmus mit dem Gelierzucker langsam aufkochen, 3 Minuten kochen lassen und sofort in saubere Gläser füllen.

Ebereschen-Kompott nach Preiselbeer-Art

1 kg Ebereschen
Wasser
Zucker

Die Früchte waschen, in den Topf geben und so viel Wasser zugeben, dass der Topfboden gerade bedeckt ist. Weich kochen und darauf achten, dass die Früchte nicht platzen. Zucker nach Belieben zugeben und nochmals kurz aufkochen. In Gläser füllen und verschließen.

Dieses Kompott kann als Beilage zu Wild-, Rinder- und Sauerbraten oder als köstliche Süßspeise zusammen mit Schlagobers serviert werden.

Eberesche Titan

Titan-Marmelade * * *

1 kg Titan-Ebereschen
500 g Gelierzucker 2:1
Zitronensaft

Die Früchte waschen und von den Stängeln lösen. Mit 4 EL Wasser in einen Topf geben und langsam erhitzen, bis die Beeren platzen. Dabei öfter umrühren. Anschließend die Früchte passieren, damit die Kerne zurückbleiben. Wer gerne die Beeren samt Kernen in der Marmelade hat, kann auf das Passieren verzichten.

Das Fruchtmus mit Zitronensaft und Gelierzucker langsam aufkochen, 3 Minuten kochen lassen und in saubere Gläser füllen.

Weißdorn

Weißdornfrüchtebrot *

1 1/4 kg Weißdornfrüchte
250 ml Orangensaft
1 kg Mehl
1 EL Salz
3–4 EL Honig
45 g Hefe (Germ)

Die frischen Weißdornfrüchte sauber verlesen, danach im Orangensaft weich kochen und das so entstandene Fruchtmus durch ein Sieb streichen. Aus dem Fruchtmus, dem Mehl, dem Salz, dem Honig und der Hefe (in wenig lauwarmem Wasser aufgelöst) einen Teig kneten bis er geschmeidig ist.

Den Teig an einem warmen Ort zugedeckt 2 Stunden rasten lassen, bevor er nochmal durchgeknetet und anschließend in eine gut befettete und bemehlte Kastenform gefüllt wird.

Eine weitere Stunde aufgehen lassen, dann im vorgeheizten Backrohr bei 180 °C 45–50 min goldbraun backen. Das fertige Brot wird mit Butter und Honig übergossen zur Delikatesse.

Mini-Kiwi

Mini-Kiwi-Marmelade * * *

1 kg reife Mini-Kiwis
Saft von 2 Zitronen
500 g Gelierzucker 2:1

Die Früchte waschen, in einen Topf mit 3 EL Wasser geben und mit einem Löffel etwas zerdrücken. Langsam erhitzen, aber nicht kochen. Dann die Kiwis passieren. Wenn man die Früchte mixt, kann es vorkommen, dass die zerstörten Kerne Bitterstoffe abgeben.

Das Fruchtmus mit dem Gelierzucker und dem Zitronensaft vermengen und langsam zum Kochen bringen. Die Marmelade 3 Minuten unter ständigem Rühren kochen lassen und sofort in saubere Gläser füllen.

Anhang

Inhaltsstoffe und Verwertung der Wildobst- und besonderen Obstarten

Inhaltsstoffe der Wildobstarten							
Wildobstart	Zucker (g/100g)	Säure (g/100g)	Pektin (g/100g)	Gerbstoffe (g/100g)	Vitamin C (mg/100g)	Vitamine (B_1, B_2, Provit. A)	Andere Inhaltsstoffe
Apfelbeere	10–19	0,9	0,75	0,6–0,35	10–30	X	Anthocyane
Berberitze	5,5	3,0–11			20		
Brombeere	X	X	X		X	X	Flavone, Mineralstoffe
Cranberry	3,9–4,2	2,1–2,9			7,5–13,5	X	Anthocyane, Mineralstoffe
Doldige Ölweide	12	1,5			20		Eiweiß, Öle
Eberesche	9,4	2,3			50–120	X	Sorbit, ätherische Öle, Anthocyane
Edelkastanie	X				6–40		43 % Kohlenhydrate, 3 % Fett, Mineralstoffe
Eisbeere		X	X	X	X		Flavonolglycoside
Essbare Eberesche	5–12	2,0-3,0			80–220	X	Sorbit, Carotin 10–15 %
Felsenbirne	X			X			Leucoanthocyane
Feige	15,7					X	Eiweiß 1,3 %, Fett 0,5 % (FG)
Haselnuss						X	60 % Fett, 14 % Eiweiß
Heidelbeere	X	X	X	X	X	X	Mineralstoffe
Himbeere	X		X		X	X	Mineralstoffe, Flavone
Indianerbanane	19				118	X	
Johannisbeere	X	X	X	X	80–350	X	Pektin, Mineralstoffe
Kartoffelrose	X		X		X	X	
Kirschpflaume	X	X	X			X	
Korea-Kirsche	X	X				X	Farbstoffe, Mineralstoffe
Kornelkirsche	7,5–10,4	1,4–3,2	0,75		50–125		Duftstoffe, Anthocyane
Mahonie	9,8	48,7			X	X	Alkaloide, Oxyberin, Bervulcin, Berberin (gelber Farbstoff)
Maibeere	6–8	2–4			120		Anthocyan, Flavonoide, Rutin
Mehlbeere	X	X	X		X		
Mini-Kiwi	10–18	1,8	0,2		60–300	X	Vitamin E, Mineralstoffe

Inhaltsstoffe der Wildobstarten

Wildobstart	Zucker (g/100g)	Säure (g/100g)	Pektin (g/100g)	Gerbstoffe (g/100g)	Vitamin C (mg/100g)	Vitamine (B_1, B_2, Provit. A)	Andere Inhaltsstoffe
Mispel	9,1–17,0	1,4–4,0	0,8–1,0	X	22–30		Mineralstoffe, Fett,
Preiselbeere	X	X	X	X	10–20	X	Mineralstoffe
Quitte	8,0	0,9	0,7		10–13	X	
Sanddorn	3,3–5,5	3,4			150–800	X	Vitamin E, Öle, Mineralstoffe
Schlehdorn	4,6–10,7	0,4–2,8	0,4–0,5		45–60	X	
Schwarzer Holunder	14	2,8			20–100	X	Mineralstoffe, Glycosid Sambunigrin
Spaltkölbchen		18	X	X	X	X	im Samen: 2 % Öl, Schisandrin
Speierling	12,3	6,9	X	2,5–9,7			
Traubenkirsche	X	X			X		Mineralstoffe
Vitaminrose	14	X	3,2		250–2000	X	Mineralstoffe
Wacholder	X		X		X		Glycosid Juniperin, Mineralstoffe
Walderdbeere	X	X			60		Mineralstoffe
Weißdorn	19		X		–230	X	ätherische Öle, Mineralstoffe
Weiße Maulbeere	X	7	X		X		Öl, Eiweiß im Samen
Wild- u. Zierapfel	X	X		X	X	X	Mineralstoffe
Wildbirne	X	X	X	X			Rohfaser, Mineralstoffe
Zierquitte	1,7–3,2	3,8–7,2	1,3–2,8		80–150	X	Aromastoffe
Chinesische Kiwi	10	1,4	X		–300	X	Mineralstoffe

Verwendung der Wildobstarten											
Wildobstart	Frisch-verzehr	Marmelade, Gelee	Kompott	Trocknen	Gefrieren	Saft	Sirup	Kandierte Früchte	Wein	Likör	Schnaps, Branntwein
Apfelbeere		X	X	X	X	X		X		X	
Berberitze	X	X	X	X		X			X		X
Brombeere	X	X	X		X	X	X		X	X	X
Cranberry		X	X	X	X	X	X				
Doldige Ölweide		X								X	
Eberesche		X	X		X	X	X			X	X
Edelkastanie	geröstet	X						X			
Eisbeere		X	X							X	X
Essbare Eberesche		X	X	X	X	X	X	X	X	X	X
Feige	X	X		X		X	X	X	X	X	X
Felsenbirne	X	X	X	X	X	X	X				X
Haselnuss	X	X		X							
Heidelbeere	X	X	X	X	X	X	X		X	X	X
Himbeere	X	X			X	X	X		X	X	X
Indianerbanane	X	X									
Johannisbeere	X	X	X		X	X	X		X	X	
Kirschpflaume	X	X	X	X	X	X			X	X	X
Korea-Kirsche	X	X	X		X				X	X	
Kornelkirsche	X	X	X		X	X	X	X	X	X	X
Mahonie		X	X						X	X	
Maibeere	X	X	X			X					
Mehlbeere		X	X	X		X			X	X	
Mini-Kiwi	X	X		X	X	X	X		X	X	
Mispel	X	X	X			X			X	X	X
Preiselbeere	X	X	X		X	X	X		X		X
Quitte		X	X			X		X	X	X	X

Verwendung der Wildobstarten

Wildobstart	Frisch-verzehr	Marmelade, Gelee	Kompott	Trocknen	Gefrieren	Saft	Sirup	Kandierte Früchte	Wein	Likör	Schnaps, Branntwein
Sanddorn		X			X	X	X			X	X
Schlehe		X	X	X		X			X	X	X
Schwarzer Holunder		X	X	X	X	X	X		X	X	X
Spaltkölbchen		X					X			X	
Speierling	X	X							X	X	X
Thüring. Eberesche		X	X							X	X
Traubenkirsche		X	X			X				X	
Vitaminrose		X				X			X	X	
Wacholder		X		X			X		X		X
Walderdbeere	X	X	X		X		X		X	X	X
Weißdorn		X	X	X		X			X		
Weiße Maulbeere	X	X		X							
Wild- u. Zierapfel	X	X	X						X	X	X
Wildbirne		X				X			X		X
Zierquitte		X	X			X		X	X	X	
Chinesische Kiwi	X	X	X			X	X		X	X	

Literaturverzeichnis

ALBRECHT H.-J., 1993: Anbau und Verwertung von Wildobst, Thalacker Verlag, Braunschweig

ALBRECHT H.-J., 1996: Wildobst – auch für Gärten interessant, Deutsche Baumschule 11/1996, S. 725–731

ALBRECHT H.-J., 2007: Sanddorn, Anbau-Ernte-Sortiment, Kordes Jungpflanzen Handels GmbH, Bilsen

ARNDORFER, M.; 2002: Auswirkungen der Erntetechniken und Sorteneigenschaften auf die Qualität verschiedener Verarbeitungsprodukte der Kornelkirsche, Diplomarbeit HBLA Klosterneuburg

ARON A., MATHIAS M., NEUNTEUFEL H., 1998 : Wilde Früchte, Wildobst neu entdecken, Joanneum-Verein, Graz

BARON G., MENG Q., 1990: Chinesischer Weißdorn, Flüssiges Obst, Jg. 57, Heft 7/90, S. 453–456

BÄRTELS A., 1996: Ziersträucher mit eßbaren Früchten, Baumschulpraxis 11/96, S. 471–476

BÄRTELS A., 2008: Gehölzvermehrung. Aussaat, Veredelung, Steckholz, Stecklinge, 5., aktualisierte Aufl., Verlag E. Ulmer, Stuttgart

BAYRISCHE LANDESANSTALT FÜR WEINBAU UND GARTENBAU, 1996: Wildobst, LVG-Abteilung Gartenbau, Veitshöchheim

BDB-HANDBUCH, 1997: Teil VIII: Gehölze des mitteleuropäischen Raumes, Verlag Fördergesellschaft „Grün ist Leben" Baumschulen mbH, Pinneberg

BUNDESSORTENAMT 1999: Beschreibende Sortenliste: Wildobstarten, Landbuch Verlagsgesellschaft mbH, Hannover

CORDES, J.H. & Sommer; N., 2006: BDB-HANDBUCH VI: Obstgehölze, Verlag Fördergesellschaft „Grün ist Leben" Österreichischer Agrarverlag, Wien

DIE UMWELTBERATUNG, 2001: Wildobst, Köstliche Früchte wiederentdecken und genießen, Broschüre des Verbandes der österreichischen Umweltberatungsstellen

EDER, R.,1990: Edel-Ebereschen auch für den Marktobstbau (2.Teil), Besseres Obst, 12/1990, S. 22–23

EDER, R.,1991: Die süße Eberesche, Garten 2/91, S. 80–82

ERHARDT W., GÖTZ E., BÖDEKER N., SEYBOLD, S., 2002: Zander, Handwörterbuch der Pflanzennamen, 17. Auflage, Verlag E. Ulmer, Stuttgart

FISCHER, M., ALBRECHT, H.-J. & GEIBEL, M., 2006: Taschenatlas Obst, Verlag E. Ulmer, Stuttgart

FRIEDRICH G., SCHURICHT W., 1989: Seltenes Kern-, Stein- und Beerenobst, Verlag J. Neumann-Neudamm GmbH & Co. KG, Melsungen

FUNKE W., 2006: Der Obstgehölzschnitt: Obstbäume und Beerensträucher zweckmäßig schneiden und erziehen, BLV Verlagsgesellschaft, München

FUNKE W., 1997: Holunder für den Garten entdeckt, Eipeldauers Gartenmagazin, 10/97, S. 38–40

GOSCH CH., 1999: Die Cranberry – interessant für Hausgarten und Erwerb, Obst-Wein-Garten, Nr.3/1999, S. 3

GRAU J., JUNG R., MÜNKER B., 1996: Beeren, Wildgemüse, Heilkräuter, Mosaik Verlag GmbH, München

GUGENBERGER, E., 2007: Kraftcocktail Kornelkirsche, Österreichischer Agrarverlag, Wien.

HOFFMANN, M.H.A., 2005: Namenliste Gehölze, Applied Plant Research, Boskoop

Hop, M.E.C.M., 1999: Aronia, Dendroflora, Nr. 36/1999, S. 40–46

HÖHNE, F. & R. HORNIG., 2008: Weitere Ergebnisse aus dem deutsch-estnischen Sorten- und Anbauversuch zu Kultursanddorn, Obstbau Info-Blatt 1/2008

KAUSCH-BLECKEN von SCHMELING W., 1994: Die Elsbeere, Eigenverlag Schmeling, Bovenden

KAUSCH-BLECKEN von SCHMELING W., 2000: Der Speierling, Eigenverlag Schmeling, Bovenden

KÖRBER-GOHNE U., 1996: Pflaumen, Kirschpflaumen, Schlehen: heutige Pflanzen und ihre Geschichte seit der Frühzeit. Konrad Theiss Verlag GmbH & Co., Stuttgart

KÖTTER E., 2000: Die Sache mit den Feigen – Sortenschutz auf bayrisch. Taspo – Das Magazin, 6/2000, S. 38–39

KUMMERT F., 2001: Der Speierling, Obst – Wein – Garten, Nr. 5/2001, S. 19–21

KUMMERT F., 2001: Die Elsbeere, Obst – Wein – Garten, Nr. 11/2001, S. 3–5

KUMMERT F., 2002: Wildfrüchte – ein Überblick, Obst – Wein – Garten, Nr. 5/2002, S. 4–7

KUMMERT F., 2008: Die Kornelkirsche, Cornus mas, Obst – Wein – Garten, Nr. 3/2008, S. 4–7

KUMMERT F., 2005: Nüsse in Garten & Küche, Leopold Stocker Verlag, Graz-Stuttgart

KUMP A., 1997: Schisandra chinensis (Turcz.) Baill. – Arzneipflanze und Beerenstrauch, in: Beiträge zur 1. Internationalen Wildfruchttagung, Berlin 18.–20. September 1997, Humboldt-Universität Berlin, Schriftenreihe des Fachgebietes Obstbau Nr.-11, Berlin

LIEBSTER G., 1988: Warenkunde Obst & Gemüse, Band 1, Morion Verlagsproduktion GmbH, Düsseldorf

MITSCHURIN I. W., 1950: Ausgewählte Werke, Verlag für fremdsprachige Literatur, Moskau

PELZMANN H., 1987: Kiwi-Kultur, Leopold Stocker Verlag, Graz

PIRC H., 1994: Cornus mas 'Jolico' – 10 Jahre Versuchsarbeit, Gartenbauwirtschaft, 6/1994, S. 8–10

PIRC H., 1997: Wildfrüchte – voller Inhalt, Besseres Obst, 12/1997, S. 3–8

PIRC H., 1999: ‚Schönbrunner Gourmet-Dirndl', Gartenpraxis, 10/1999, S. 4

PIRC H., 1999: ‚Schönbrunner Gourmet-Dirndl', Obst – Wein – Garten, 8/99, S. 4

PIRC H., 1999: Cornus mas als „Alternative Obstart", Besseres Obst, 12/1999, S. 7–11

PIRC H., 2000: Dirndl-Zeit, Garten + Haus, 9–10/2000, S. 48–50

PIRC H., 2007: Exotisch und g'schmakig, Besseres Obst, 12/2007, S. 11–13

PIRC H., 2008: Fruchtsorten der Indianerbanane, Gartenpraxis, 01/2008, S. 24–27

PIRC H., 2008: Alles über Gehölzschnitt, Verlag Eugen Ulmer KG, Stuttgart

REICH L., 1992: Pawpaws have Potential, Fruit Grower, 4/1992, p. 30–31

RUSTERHOLZ P. HUSISTEIN, A., 2000: Minikiwis – Aroma in Grün Schweiz. Z. Obst-Weinbau Nr. 13/00.

SIEVERS G. W., 2007: Genussland Österreich, L. Stocker Verlag, Graz.

STOLL K., GREMMINGER U., 1986: Besondere Obstarten, Verlag E. Ulmer, Stuttgart

ZEITLHÖFLER, A., 2002: Die Obstbauliche Nutzung von Obstgehölzen, Diplomarbeit

ZEITLHÖFLER, A., 2008: Wildobst für den Hausgarten, Österreichischer Agrarverlag, Wien

WARDA H. D., 2001: Das große Buch der Garten- und Landschaftsgehölze, Bruns Pflanzen-Export GmbH, Bad Zwischenahn

WEISS H., GOSCH A., FISCHERAUER A., 2001: Beerenobst, Stocker Verlag, Graz

WILLKOMM, M., 1875: Forstliche Flora von Deutschland und Österreich, Winter'sche Verlagshandlung, Leipzig und Heidelberg

Bezugsquellen

Die meisten Markenbaumschulen sowie gut sortierte Gartencenter führen eine Vielzahl von heimischen Wildgehölzen, darunter auch zahlreiche Wildobstarten, die in diesem Buch behandelt werden.

Österreich

Arche Noah, Obere Straße 40, A-3553 Schiltern; Tel.: 02734/8626-0; E-mail: info@arche-noah.at; www.arche-noah.at

ARTNER, Waldviertler Bio-Baumschulbetrieb, Reichenau am Freiwald 9, A-3972 Bad Großpertholz; Tel: +43(0)2857/2970, Fax: +43(0)2857/25177, E-mail: artner@biobaumschule.at, Homepage: www.artner.biobaumschule.at

Baumschule Praskac, Praskacstraße 101–108, A-3430 Tulln / Donau; Tel.: 02272/62460-0, E-mail: office@praskac.at; www.praskac.at

Gosch's Heidelbeergarten, Kopreinigg 25, A-8544 St. Ulrich i. Gr., Tel.:03465/2589, Fax: DW 4, E-mail: info@heidelbeergarten.at, www.heidelbeergarten.at (Heidelbeeren, Cranberries)

Steiners Cranberry, Happy Garden Ges.m.b.H, Geschäftsführer: Josef Steiner; Grund 6, A-5122 Ach, Tel.:0043-7727-2270, Fax: 0043-7727-3246, Web: www.cranberry.at, E-mail: office@cranberry.at, office@baumschule-Steiner.at (Cranberries, Heidelbeeren)

Verein Regionale Gehölzvermehrung NÖ mit Partnerbaumschulen; Tel.: 02952/2924 (Liste der Betriebe), www.rgv.or.at

Deutschland

Ahornblatt GmbH, D-55001 Mainz, Postfach 1125; Tel.: 06131/72 354

Baldur Garten G.m.b.H, Elbinger Str. 12, D-4625 Bensheim; Tel.: 0049/6251/103010

Baumschule Aigner, Henneberg 15, D-92237 Sulzbach; Tel. 0049/96619881 (Schlehen- und Pflaumenverwandte)

Baumschule Hammerschmidt, Waldweg 2, D-24966 Sörup; Tel. 0049/46352745 (Schlehen- und Pflaumenverwandte)

Baumschule Hofmann, Hauptstraße 36, D-91094 Langensendelbach; Tel.: 09133/4687, Info: www.baumschule-hofmann.de

Baumschule J. Kiefer, Sonnengasse 6, D-77799 Ortenberg; Tel. 0049/78131518 (Schlehen- und Pflaumenverwandte)

Gärtner Pötsche Kaarst G.m.b.H, Beuthener Str. 4, OT Holzbüttgen, D-41561 Kaarst; Tel.: 0049/2131/793-0

Gärtnerei Naturwuchs, Inh.: Thomas Reichelt, Bardenhorst 15, D-33739 Bielefeld; Tel 0521/988 1778, Fax 0521/988 1779, Email info@naturwuchs.de;

Geisenheimer Baumschulen Bartsch, Nothgottestraße 4, D-65366 Geisenheim; Tel.: 06722/8820
Grossmann Lars, Goji Plantage Grossmann, Marschweg 18, 29690 Schwarmstedt; Tel. 05071 5115869, Fax. 05071 5115868, www.Gojis.de, www.Goji-Plantage.de , lg@gojis.de;(Goji-Pflanzen)
Helmut Arnold, Ohrnberger Steige 26, D-74613 Öhringen; Tel.: 07948/805
Horst Heckmann, Bühlweg 3, D-74259 Widdern; Tel.: 06298/92250
J. Schmitt, Hauptstraße 10, D-91099 Poxdorf; Tel.: 09133/1049
Klaus Ganter, Forchheimer Straße, D-79369 Wyhl a.K. ;
Tel: 07642/1061, Info: www.obstbau.de
Kordes- Jungpflanzen, Handels GmbH, Mühlenweg 8, D-25485 Bilsen; Telefon: +49 (0) 41 06 - 40 11, Telefax: +49 (0) 41 06-40 13, www.koju.de – info@koju.de (Kein Verkauf von Einzelpflanzen, Mindestabgabe 1 Verpackungseinheit)
M. Brenninger, Hofstarring 57, D-84439 Steinkirchen; Tel.: 08084/7667, info: www.brenninger.de
Späth'sche Baumschulenbetriebs-GmbH, Späthstraße 80/81, D-12437 Berlin-Baumschulenweg; Tel.: 030/639 00 332
Strickler Kräuter und Wildpflanzen, Lochgasse 1, 55232 Alzey-Heimersheim, Tel. 06731/3831, E-Mail: strickler@t-online.de; www.gaertnerei-strickler.de

Schweiz

Häberli Obst- und Beerenzentrum GmbH, Postfach 166, CH–78201 Singen; Tel.: 0041/71/474 70 87, E-mail: info@haeberli-beeren.ch; www.haeberli-beeren.ch
Lubera Rhein-Baumschulen, Churerstrasse 42, 9470 Buchs; Tel. 081 756 30 33, FAX 081 756 51 33, Internet: www.lubera.ch (Kiwi, Mini-Kiwi, Feigen & Wildobst)

Pflanzenregister

A

Ackerbeere, Schwedische ... 133
Ackerbrombeere ... 132
Ähren-Felsenbirne ... 55
Akebie ... 135
Alpen-Johannisbeere ... 102
Apfelbeere ... 89
Apfelbeere, Schwarzfrüchtige ... 89
Apfeldorn ... 86
Azarolapfel ... 85
Azaroldorn ... 85
Azarole ... 85

B

Baumhasel ... 62
Berberitze, Gemeine ... 93
Berberitze, Korea ... 95
Birne, Weidenblättrige ... 47
Blauschotenstrauch ... 147
Büffelbeere ... 49

C

Chinesische Kiwi ... 135
Chinesisches Spaltkölbchen ... 144
Cranberry ... 129

D

Dirlitze ... 64
Dirndl ... 64
Dreiblatt-Zitrone ... 148

E

Eberesche 21
Eberesche, Edel- 25
Eberesche, Essbare 25
Eberesche, Mährische 25
Eberesche, Thüringische 33
Edelkastanie 17
Elsbeere 29

F

Feige 56
Felsenbirne 53
Felsenbirne, Ähren- 55
Felsenbirne, Erlenblättrige 56
Felsenbirne, Gemeine 54
Felsenbirne, Kahle 55
Felsenbirne, Kupfer- 54
Felsen-Johannisbeere 102
Finnland-Mehlbeere 33
Fruchtrosen 106

G

Geißfußpfropfen 158
Ginkgobaum 20
Goji-Beere 96

H

Haferschlehe 114
Hagebuttenbirne 47
Haselnuss 60
Heidelbeere 123
Himbeere 98
Holunder, Roter 82
Holunder, Schwarzer 80
Honeyberry 104
Hybrid-Ebereschen 27
Hybriden zwischen der Eberesche und der Mehlbeeere 33

J

Japanische Weinbeere 100
Johannisbeere 101
Johannisbeere, Schwarze 102
Jujube 37

K

Kirschpflaume ... 63
Kiwi, Chinesische ... 135
Kiwi, Mini- ... 139
Korea-Berberitze ... 95
Korea-Kirsche ... 103
Korinthenstrauch ... 53
Kornelkirsche ... 64
Kratzbeere ... 132
Kulturheidelbeere ... 125
Kupfer-Felsenbirne ... 54

L

Lambertsnuss ... 62

M

Mahonie ... 121
Maibeere ... 104
Maulbeere, Schwarze ... 45
Maulbeere, Weiße ... 43
Mehlbeere ... 31
Mehlbeere, Schwedische ... 33
Mini-Kiwi ... 139
Mispel ... 69
Moltebeere ... 133
Moosbeere ... 131
Moosbeere, Großfrüchtige ... 129

O

Ölweide, Doldige ... 50
Ölweide, Essbare ... 52
Ölweide, Schmalblättrige ... 52
Ölweide, Vielblütige ... 52
Oxelbeere ... 33

P

Pawpaw ... 72
Persimone ... 38
Pflaumendorn ... 86
Preiselbeere ... 126

R

Rauschbeere ... 132
Red Huckleberry ... 132

Roter Holunder 82
Rosen 106

S

Sanddorn, Gewöhnlicher 75
Sauerdorn 93
Scheinquitte 109
Scheinquitte,Chinesische 111
Scheinquitten-Hybriden 112
Schlehdorn 112
Schwarzer Holunder 80
Sibirische Blaubeere 104
Speierling 34
Spilling, Gelber, Gelbroter, Roter 116
Stachelbeere 101
Stachelbeere 102

T

Traubenholunder 82
Traubenkirsche 39
Traubenkirsche, Spätblühende 41
Türkische Hasel 62

V

Vitaminrosen 106
Vogelkirsche 41

W

Wacholder, Gemeiner 117
Walderdbeere 133
Waldhimbeere 98
Weinbeere, Japanische 100
Weingartenpfirsich 42
Weißdorn, Chinesischer 85
Weißdorn, Eingriffeliger 83
Weißdorn, Zweigriffeliger 85
Wildapfel 86
Wildbirne 46
Wilde Brombeere 97
Wolfsbeere 96

Z

Zibarte 115
Zierapfel 86
Zierquitte 109
Zwerg-Mehlbeere 32

Paradies für Selbermacher -
Nix gibt‘s, wås net gibt
... und das ist Ihr Ansatz & Schnaps!
holzeis
Messgeräte
Flaschen
Gärzubehör
Reinzuchthefen
EC 1118
Von kleinst bis ganz groß!
www.holzeis.com
holzeis Kellereibedarf GmbH
Hauptstraße 1 I 3052 Innermanzing / direkt an der Abfahrt Altlengbach A1/A21
Tel +43 2774 / 20470 I info@holzeis.com

Indianerbanane
Aroniabeere
Mährische Eberesche
Fruchtholunder
Mispel, Asperl
Winterharte Kaki
Kiwi
Wildobstpflanzen in den besten Sorten
aus eigener Anzucht
PRASKAC
DAS PFLANZENLAND
Praskacstr. 101-108 • A-3430 Tulln
Tel. 02272 / 62460 • Fax 63816
www.praskac.at • office@praskac.at
Indianerbanane • Asimina

… und vieles mehr